Der Vogelflug als Grundlage der Fliegekunst

Ein Beitrag zur Systematik der Flugtechnik

Otto Lilienthal

Alpha Editions

This edition published in 2022

ISBN : 9789356709591

Design and Setting By
Alpha Editions
www.alphaedis.com
Email - info@alphaedis.com

Contents

Vorwort.

Die Kenntnis der mechanischen Vorgänge beim Vogelfluge steht gegenwärtig noch auf einer Stufe, welche dem jetzigen allgemeinen Standpunkt der Wissenschaft offenbar nicht entspricht.

Es scheint, als ob die Forschung auf dem Gebiete des aktiven Fliegens durch ungünstige Umstände in Bahnen gelenkt worden sei, welche fast resultatlos verlaufen, indem die Ergebnisse dieser Forschung die wirkliche Förderung und Verbreitung einer positiven Kenntnis der Grundlagen der Fliegekunst bei weitem nicht in dem Maße herbeiführten, als es wünschenswert wäre. Wenigstens ist unser Wissen über die Gesetze des Luftwiderstandes noch so mangelhaft geblieben, daß es der rechnungsmäßigen Behandlung des Fliegeproblems unbedingt an den erforderlichen Unterlagen fehlt.

Um nun einen Beitrag zu liefern, die Eigentümlichkeiten der Luftwiderstandserscheinungen näher kennen zu lernen, und dadurch zur weiteren Forschung in der Ergründung der für die Flugtechnik wichtigsten Fundamentalsätze anzuregen, veröffentliche ich hiermit eine Reihe von Versuchen und an diese geknüpfter Betrachtungen, welche von mir gemeinschaftlich mit meinem Bruder Gustav Lilienthal angestellt wurden.

Diese Versuche, über einen Zeitraum von 23 Jahren sich erstreckend, konnten jetzt zu einem gewissen Abschluß gebracht werden, indem durch die Aneinanderreihung der Ergebnisse ein geschlossener Gedankengang sich herstellen ließ, welcher die Vorgänge beim Vogelfluge einer Zergliederung unterwirft, und dadurch eine Erklärung derselben, wenn auch nicht erschöpfend behandelt, so doch anbahnen hilft.

Ohne daher der Anmaßung Raum zu geben, daß das in diesem Werke Gebotene für eine endgültige Theorie des Vogelfluges gehalten werden soll, hoffe ich doch, daß für jedermann genug des Anregenden darin sich bieten möge, um das schon so verbreitete Interesse für die Kunst des freien Fliegens noch mehr zu heben. Besonders geht aber mein Wunsch dahin, daß eine große Zahl von Fachleuten Veranlassung nehmen möchte, das Gebotene genau zu prüfen und womöglich durch parallele Versuche zur Läuterung des bereits Gefundenen beizutragen.

Ich habe die Absicht gehabt, nicht nur für Fachleute, sondern für jeden Gebildeten ein Werk zu schaffen, dessen Durcharbeitung die Überzeugung verbreiten soll, daß wirklich kein Naturgesetz vorhanden ist, welches wie ein unüberwindlicher Riegel sich der Lösung des Fliegeproblems vorschiebt. Ich habe an der Hand von Thatsachen und Schlüssen, die sich aus den angestellten Messungen ergaben, die Hoffnung aller Nachdenkenden beleben wollen, daß es vom Standpunkt der Mechanik aus wohl gelingen kann, diese höchste Aufgabe der Technik einmal zu lösen.

Um mich auch denen verständlich zu machen, welchen das Studium der Mathematik und Mechanik ferner liegt, also um den Leserkreis nicht auf die Fachleute allein zu beschränken, war ich bemüht, in der Hauptdarstellung mich so auszudrücken, daß jeder gebildete Laie den Ausführungen ohne Schwierigkeiten folgen kann, indem nur die elementarsten Begriffe der Mechanik zur Erläuterung herangezogen wurden, welche außerdem soviel als möglich ihre Erklärung im Texte selbst fanden. Weitergehende, dem Laien schwer verständliche Berechnungen sind darin so behandelt, daß das allgemeine Verständnis dadurch nicht beeinträchtigt wird.

Wenn hierdurch denjenigen, welche an den täglichen Gebrauch der Mathematik und Mechanik gewöhnt sind, die Darstellung vielfach etwas breit und umständlich erscheinen wird, und diesen Lesern eine knappere Form wünschenswert wäre, so bitte ich im Interesse der Allgemeinheit um Nachsicht.

Somit übergebe ich denn dieses Werk der Öffentlichkeit und bitte, bei der Beurteilung die hier erwähnten Gesichtspunkte freundlichst zu berücksichtigen.

Otto Lilienthal.

1. Einleitung.

Alljährlich, wenn der Frühling kommt, und die Luft sich wieder bevölkert mit unzähligen frohen Geschöpfen, wenn die Störche, zu ihren alten nordischen Wohnsitzen zurückgekehrt, ihren stattlichen Flugapparat, der sie schon viele Tausende von Meilen weit getragen, zusammenfalten, den Kopf auf den Rücken legen und durch ein Freudengeklapper ihre Ankunft anzeigen, wenn die Schwalben ihren Einzug gehalten, und wieder in segelndem Fluge Straße auf und Straße ab mit glattem Flügelschlag an unseren Häusern entlang und an unseren Fenstern vorbei eilen, wenn die Lerche als Punkt im Äther steht, und mit lautem Jubelgesang ihre Freude am Dasein verkündet, dann ergreift auch den Menschen eine gewisse Sehnsucht, sich hinaufzuschwingen, und frei wie der Vogel über lachende Gefilde, schattige Wälder und spiegelnde Seen dahinzugleiten, und die Landschaft so voll und ganz zu genießen, wie es sonst nur der Vogel vermag.

Wer hätte wenigstens um diese Zeit niemals bedauert, daß der Mensch bis jetzt der Kunst des freien Fliegens entbehren muß, und nicht auch wie der Vogel wirkungsvoll seine Schwingen entfalten kann, um seiner Wanderlust den höchsten Ausdruck zu verleihen?

Sollen wir denn diese Kunst immer noch nicht die unsere nennen, und nur begeistert aufschauen zu niederen Wesen, die dort oben im blauen Äther ihre schönen Kreise ziehen?

Soll dieses schmerzliche Bewußtsein durch die traurige Gewißheit noch vermehrt werden, daß es uns nie und nimmer gelingen wird, dem Vogel seine Fliegekunst abzulauschen? Oder wird es in der Macht des menschlichen Verstandes liegen, jene Mittel zu ergründen, welche uns zu ersetzen vermögen, was die Natur uns versagte?

Bewiesen ist bis jetzt weder das Eine noch das Andere, aber wir nehmen mit Genugthuung wahr, daß die Zahl derjenigen Männer stetig wächst, welche es sich zur ernsten Aufgabe gemacht haben, mehr Licht über dieses noch so dunkle Gebiet unseres Wissens zu verbreiten.

Die Beobachtung der Natur ist es, welche immer und immer wieder dem Gedanken Nahrung giebt: „Es kann und darf die Fliegekunst nicht für ewig dem Menschen versagt sein."

Wer Gelegenheit hatte, seine Naturbeobachtung auch auf jene großen Vögel auszudehnen, welche mit langsamen Flügelschlägen und oft mit nur ausgebreiteten Schwingen segelnd das Luftreich durchmessen, wem es gar vergönnt war, die großen Flieger des hohen Meeres aus unmittelbarer Nähe bei ihrem Fluge zu betrachten, sich an der Schönheit und Vollendung ihrer Bewegungen zu weiden, über die Sicherheit in der Wirkung ihres

Flugapparates zu staunen, wer endlich aus der Ruhe dieser Bewegungen die mäßige Anstrengung zu erkennen und aus der helfenden Wirkung des Windes auf den für solches Fliegen erforderlichen geringen Kraftaufwand zu schließen vermag, der wird auch die Zeit nicht mehr fern wähnen, wo unsere Erkenntnis die nötige Reife erlangt haben wird, auch jene Vorgänge richtig zu erklären, und dadurch den Bann zu brechen, welcher uns bis jetzt hinderte, auch nur ein einziges Mal zu freiem Fluge unseren Fuß von der Erde zu lösen.

Aber nicht unser Wunsch allein soll es sein, den Vögeln ihre Kunst abzulauschen, nein, unsere Pflicht ist es, nicht eher zu ruhen, als bis wir die volle wissenschaftliche Klarheit über die Vorgänge des Fliegens erlangt haben. Sei es nun, daß aus ihr der Nachweis hervorgehe: „Es wird uns nimmer gelingen, unsere Verkehrsstraße zur freien willkürlichen Bewegung in die Luft zu verlegen," oder daß wir an der Hand des Erforschten thatsächlich dasjenige künstlich ausführen lernen, was uns die Natur im Vogelfluge täglich vor Augen führt.

So wollen wir denn redlich bemüht sein, wie es die Wissenschaft erheischt, ohne alle Voreingenommenheit zu untersuchen, was der Vogelflug ist, wie er vor sich geht, und welche Schlüsse sich aus ihm ziehen lassen.

2. Das Grundprincip des freien Fluges.

Die Beobachtung der fliegenden Tiere lehrt, daß es möglich ist, mit Hülfe von Flügeln, welche eigentümlich geformt sind, und in geeigneter Weise durch die Luft bewegt werden, schwere Körper in der Luft schwebend zu erhalten, und nach beliebigen Richtungen mit großer Geschwindigkeit zu bewegen.

Die in der Luft schwebenden Körper der fliegenden Tiere zeichnen sich gegen die Körper anderer Tiere nicht so wesentlich durch ihre Leichtigkeit aus, daß daraus gefolgert werden könnte, die leichte Körperbauart sei ein Haupterfordernis, das Fliegen zu ermöglichen.

Man findet zwar die Ansicht verbreitet, daß die hohlen Knochen der Vögel das Fliegen erleichtern sollen, namentlich da die Hohlräume der Knochen mit erwärmter Luft gefüllt sind. Es gehört aber nicht viel Überlegung dazu, um einzusehen, daß diese Körpererleichterung kaum der Rede wert ist.

Eine specifische Leichtigkeit der Fleisch- und Knochenmasse sowie anderer Bestandteile des Vogelkörpers ist bis jetzt auch nicht festgestellt.

Vielleicht hat das Federkleid des Vogels, welches ihn umfangreicher erscheinen läßt, als wie er ist, besonders wenn dasselbe wie bei dem getöteten Vogel nicht straff anliegt, dazu beigetragen, ihm den Ruf der Leichtigkeit zu verschaffen. Von dem gerupften Vogel kann man entschieden nicht behaupten, daß er verhältnismäßig leichter sei als andere Tiere; auch unsere Hausfrauen stehen wohl nicht unter dem Eindruck, daß ein Kilogramm Vogelfleisch, und seien auch die hohlen Knochen dabei mitgewogen, umfangreicher aussieht als das gleiche Gewicht von Fleischnahrung aus dem Reiche der Säugetiere.

Wenn nun zu dem gerupften Vogel die Federn noch hinzukommen, so wird er dadurch auch nicht leichter, sondern schwerer; denn auch die Federn sind schwerer als die Luft.

Die Federbekleidung kann daher, wenn sie dem Vogel auch die Entfaltung seiner Schwingen ermöglicht, und seine Gestalt zum leichteren Durchschneiden der Luft abrundet und glättet, kein besonderer Faktor zu seiner leichteren Erhebung in die Luft sein. Es ist vielmehr anzunehmen, daß bei den fliegenden Tieren die freie Erhebung von der Erde und das Beharren in der Luft, sowie die schnelle Fortbewegung durch die Luft mit Hülfe gewisser mechanischer Vorgänge stattfindet, welche möglicher Weise auch künstlich erzeugt und mittelst geeigneter Vorrichtungen auch von Wesen ausgeführt werden können, welche nicht gerade zum Fliegen geboren sind.

Das Element der fliegenden Tiere ist die Luft. Die geringe Dichtigkeit der Luft gestattet aber nicht, darin zu schweben und darin herumzuschwimmen, wie es die Fische im Wasser vermögen, sondern eine stetig unterhaltene Bewegungswirkung zwischen der Luft und den Trageflächen oder Flügeln der fliegenden Tiere, oft mit großen Muskelanstrengungen verbunden, muß dafür sorgen, daß ein Herabfallen aus der Luft verhindert wird.

Jedoch diese geringe Dichtigkeit der Luft, welche das freie Erheben in derselben erschwert, gewährt andererseits einen großen Vorteil für die sich in der Luft bewegenden Tiere.

Das auf der geringen Dichtigkeit beruhende leichte Durchdringen der Luft gestattet vielen Tieren mit außerordentlicher Schnelligkeit vorwärts zu fliegen; und so nehmen wir denn namentlich an vielen Vögeln Fluggeschwindigkeiten wahr, welche in Erstaunen setzen, indem sie die Geschwindigkeit der schnellsten Eisenbahnzüge bei weitem übertreffen. Hat daher eine freie Erhebung von der Erde durch die Fliegekunst erst stattgefunden, so erscheint es nicht schwer, eine große Geschwindigkeit in der Luft selbst zu erreichen.

Als Eigentümlichkeit beim Bewegen in der Luft haben wir daher weniger das schnelle Fliegen anzusehen, als vielmehr die Fähigkeit, ein Herabfallen aus der Luft zu verhindern, indem das erstere sich fast von selbst ergiebt, sobald die Bedingungen für das letztere in richtiger Weise erfüllt sind.

Die fliegende Tierwelt und obenan die Vögel liefern den Beweis, daß die Fortbewegung durch die Luft an Vollkommenheit allen anderen Fortbewegungsarten der Tierwelt und auch den künstlichen Ortsveränderungen der Menschen weit überlegen ist.

Auch auf dem Lande und im Wasser giebt es Tiere, denen die Natur große Schnelligkeit verliehen hat, teils zur Verfolgung ihrer Beute, teils zur Flucht vor dem Stärkeren, eine Schnelligkeit, die oft unsere Bewunderung erregt. Aber was sind diese Leistungen gegen die Leistungen der Vogelwelt?

Einem Sturmvogel ist es ein Nichts, den dahinsausenden Oceandampfer in meilenweiten Kreisen zu umziehen und, nachdem er meilenweit hinter ihm zurückgeblieben, ihn im Nu wieder meilenweit zu überholen.

Mit Begeisterung schildert Brehm, dieser hervorragende Kenner der Vogelwelt, die Ausdauer der meerbewohnenden großen Flieger. Ja, dieser Forscher hält es für erwiesen, daß ein solcher Vogel auf weitem Ocean Hunderte von Meilen dem Tag und Nacht unter vollem Dampf dahineilenden Schiffe folgt, ohne bei seiner kurzen Rast auf dem Wasser die Spur des schnellen Dampfers zu verlieren und ohne jemals das Schiff als Ruhepunkt zu wählen.

Diese Vögel scheinen gleichsam in der Luft selbst ihre Ruhe zu finden, da man sie nicht nur bei Tage, sondern auch bei Nacht herumfliegen sieht. Sie nützen die Tragekraft des Windes in so vollkommener Weise aus, daß ihre eigene Anstrengung kaum nötig ist.

Und dennoch sind sie da, wo sie nur immer sein wollen, als wenn der Wille allein ihre einzige Triebkraft bei ihrem Fluge wäre.

Diese vollkommenste aller Fortbewegungsarten sich zu eigen zu machen, ist das Streben des Menschen seit den Anfängen seiner Geschichte.

Tausendfältig hat der Mensch versucht, es den Vögeln gleich zu thun. Flügel ohne Zahl sind von dem Menschengeschlechte gefertigt, geprobt und — verworfen. Alles, alles vergeblich und ohne Nutzen für die Erreichung dieses heiß ersehnten Zieles.

Der wahre, freie Flug, er ist auch heute noch ein Problem für die Menschheit, wie er es vor Tausenden von Jahren gewesen ist.

Die erste wirkliche Erhebung des Menschen in die Luft geschah mit Hülfe des Luftballons. Der Luftballon ist leichter als die von ihm verdrängte Luftmasse, er kann daher noch andere schwere Körper mit in die Luft heben. Der Luftballon erhält aber unter allen Umständen, auch wenn derselbe in länglicher zugespitzter Form ausgeführt wird, einen so großen Querschnitt nach der Bewegungsrichtung, und erfährt einen so großen Widerstand durch seine Bewegung in der Luft, daß es nicht möglich ist, namentlich gegen den Wind denselben mit solcher Geschwindigkeit durch die Luft zu treiben, daß die Vorteile der willkürlichen schnellen Ortsveränderung, wie wir sie an den fliegenden Tieren wahrnehmen, im Entferntesten erreicht werden könnten.

Es bleibt daher nur übrig, um jene großartigen Wirkungen des Fliegens der Tierwelt auch für den Menschen nutzbar zu machen, auf die helfende Wirkung des Auftriebes leichter Gase, also auf die Benutzung des Luftballons ganz zu verzichten, und sich einer Fliegemethode zu bedienen, bei welcher nur dünne Flügelkörper angewendet werden, welche dem Durchschneiden der Luft nach horizontaler Richtung sehr wenig Widerstand entgegensetzen.

Der Grundgedanke eines solchen Fliegens besteht in der Vermeidung größerer Querschnitte nach der beabsichtigten Bewegungsrichtung und der Hebewirkung durch dünne Flugflächen, welche im wesentlichen horizontal ausgebreitet und relativ zum fliegenden Körper annähernd vertikal bewegt werden.

Die fliegenden Tiere sind imstande, unter Aufrechterhaltung dieses Princips eine freie Erhebung und schnelle Fortbewegung durch die Luft zu bewirken. Wollen wir also die Vorteile dieses Princips uns auch zu nutze machen, so wird es darauf ankommen, die richtige Erklärung für solche Fliegewirkung zu suchen.

Die Zurückführung aber einer derartigen Wirkung auf ihre Ursache geschieht durch das richtige Erkennen der beim Fliegen stattfindenden mechanischen Vorgänge, und die Mechanik, also die Wissenschaft von den Wirkungen der Kräfte, giebt uns die Mittel an die Hand, diese mechanischen Vorgänge zu erklären.

Die Fliegekunst ist also ein Problem, dessen wissenschaftliche Behandlung vorwiegend die Kenntnis der Mechanik voraussetzt. Die hierzu erforderlichen Überlegungen sind jedoch verhältnismäßig einfacher Natur und es lohnt sich, zunächst einen Blick auf die Beziehungen der Fliegekunst zur Mechanik zu werfen.

3. Die Fliegekunst und die Mechanik.

Wenn wir uns mit der Mechanik des Vogelfluges beschäftigen wollen, werden wir hauptsächlich mit denjenigen Kräften zu thun haben, die am fliegenden Vogel in Wirkung treten. Das Fliegen der Tiere ist weiter nichts als eine beständige Überwindung derjenigen Kraft, mit welcher die Erde alle Körper, also auch alle ihre Geschöpfe anzieht. Der fliegende Vogel aber spottet dieser Anziehungskraft vermöge seiner Fliegekunst und fällt nicht zur Erde nieder, obwohl die Erde ihn ebenso an sich zu ziehen und festzuhalten sucht wie ihre nicht fliegenden Lebewesen.

Das Fliegen selbst aber ist ein dauernder Kampf mit der Anziehungskraft der Erde und zur Überwindung dieses Gegners ist es wichtig, ihn zunächst etwas näher zu betrachten.

Die Anziehungskraft der Erde oder die Schwerkraft ist das Ergebnis eines Naturgesetzes, welches das ganze Weltall durchdringt und nach welchem alle Körper der Welt sich gegenseitig anziehen. Diese Anziehungskraft nimmt zu mit der Masse der Körper und nimmt ab mit dem Quadrate ihrer Entfernung. Als Entfernung der sich anziehenden Körper ist die Entfernung ihrer Schwerpunkte anzusehen.

Wenn daher ein Vogel sich höher und höher in die Luft erhebt, so kann man trotzdem kaum von einer Abnahme der Erdanziehung sprechen, denn diese Erhebung ist verschwindend klein gegen die Entfernung des Vogels vom Schwerpunkt oder Mittelpunkt der Erde.

Da wir der Erde so sehr nahe sind im Vergleich zu anderen Weltkörpern, so verspüren wir nur die Kraft, mit welcher wir von der Erde angezogen werden.

Das Gewicht eines Körpers ist gleich der Kraft, mit welcher die Erde diesen Körper an sich zieht. Als Krafteinheit pflegt man das Gewicht von 1 kg anzusehen und hiernach alle anderen Kräfte zu messen.

Die bildliche Darstellung einer Kraft geschieht durch eine Linie in der Kraftrichtung von bestimmter Länge je nach der Größe der Kraft.

Die Schwerkraft ist immer wie die Lotlinie nach dem Mittelpunkt der Erde gerichtet.

Die Anziehungskraft der Erde kann man wie alle anderen Kräfte nur durch ihre Wirkung wahrnehmen. Ihre sichtbare Wirkung aber besteht, wie bei allen Kräften, in Erzeugung von Bewegungen.

Wenn eine Kraft auf einen freien, ruhenden Körper stetig wirkt, so beginnt der Körper in der Richtung der Kraftwirkung sich zu bewegen und an Geschwindigkeit stetig zuzunehmen. Die Größe der Bewegung in jedem Augenblick wird durch den in einer Sekunde zurückgelegten Weg gemessen, wenn die Bewegung während dieser Sekunde gleichmäßig wäre. Man nennt diesen sekundlichen Weg die Geschwindigkeit eines Körpers.

Die Anziehungskraft der Erde oder Schwerkraft wird einem Vogel in der Luft, dem plötzlich die Fähigkeit des Fliegens genommen ist, eine nach unten gerichtete Bewegung erteilen, welche an Geschwindigkeit stetig zunimmt; der Vogel wird fallen, bis er an der Erde liegt.

Ein solches Fallen in der Luft giebt aber keine genaue Darstellung von der Wirkung der Schwerkraft, weil der Widerstand der Luft die Fallgeschwindigkeit sowie die Fallrichtung beeinträchtigt.

Die unbeschränkte Wirkung der Schwerkraft läßt sich daher nur im luftleeren Raum feststellen, und in diesem fällt jeder Körper ohne Rücksicht auf seine sonstige Beschaffenheit mit derselben gleichmäßig zunehmenden Schnelligkeit und zwar so, daß er am Ende der ersten Sekunde eine Geschwindigkeit von 9,81 m hat, die stetig und gleichmäßig zunimmt, sich also nach jeder ferneren Sekunde um 9,81 m vermehrt. Diese sekundliche Zunahme der Geschwindigkeit nennt man Beschleunigung. Die Beschleunigung der Schwerkraft ist also 9,81 m.

Auch an dem nicht aus der Luft geschossenen, fliegenden Vogel wird die Beschleunigung der Schwerkraft sichtbar sein; denn wenn der Vogel zu neuem Flügelschlage ausholt, setzt sofort die Schwerkraft mit ihrer Beschleunigung ein, und senkt den Vogel um ein Geringes, bis der neue Flügelniederschlag erfolgt, der den Vogelkörper um die gefallene Strecke wieder hebt und so die Wirkung der Schwerkraft ausgleicht.

Die Anziehungskraft der Erde ist aber nicht die einzige Kraft, die auf den Vogel wirkt, vielmehr verdankt er seine Flugfähigkeit gerade dem Auftreten verschiedener anderer Kräfte, mit denen er die Wirkung der Schwerkraft bekämpft.

Die Mechanik pflegt die Kräfte in 2 Klassen zu teilen, in treibende Kräfte, oder in Kräfte in engerem Sinne, und in hemmende Kräfte oder Widerstände.

Die treibenden Kräfte sind geeignet, Bewegungen zu erzeugen und, wie ihr Name sagt, als Triebkraft zu dienen.

Zu diesen Kräften haben wir außer der Schwerkraft z. B. auch die Muskelkraft der Tiere zu rechnen, sowie das Ausdehnungsbestreben des gespannten Dampfes, der gespannten Federn u. s. w.

Jede treibende Kraft kann aber auch als hemmende Kraft auftreten, insofern sie an einem in Bewegung befindlichen Körper dieser Bewegung entgegengesetzt wirkt und dadurch die Bewegung vermindert, wie es der Fall ist in Bezug auf die Wirkung der Schwerkraft an einem in die Höhe geworfenen Körper.

Zu den hemmenden Kräften gehört vor allem diejenige Kraft, deren Eigenschaften die Natur bei dem Fluge der Vögel in so vollkommener Weise ausnützt und mit der wir uns in diesem Werke ganz eingehend beschäftigen müssen, der sogenannte „Widerstand des Mittels", den jeder Körper erfährt, wenn er sich in einem Mittel, z. B. in der Luft, bewegt. Ein solcher Widerstand kann deshalb nie direkt treibend wirken, weil er durch die Bewegung selbst erst hervorgerufen wird, er dann aber diese Bewegung stets wieder zu verkleinern sucht und nicht eher aufhört, bis die Bewegung selbst wieder aufgehört hat.

Der Widerstand des Mittels, also der Widerstand des Wassers, sowie der Luftwiderstand kann nur indirekt als treibende Kraft auftreten, wenn das Mittel selbst, also das Wasser oder die Luft in Bewegung sich befindet, wovon alle Wasser- und Windmühlen und, wie wir später sehen werden, auch die segelnden Vögel ein Beispiel geben.

Fernere Widerstandskräfte sind beispielsweise die Reibung sowie die Kohäsionskraft der festen Körper, auch diese können nicht unmittelbar treibend wirken, sondern nur als Widerstand auftreten, wenn es sich um ihre Überwindung, z. B. beim Transport von Lasten und bei der Bearbeitung des Holzes, der Metalle oder anderer fester Körper handelt, wo der schneidende Stahl die Kohäsionskraft aufheben muß.

Eine Kraft ist zwar stets die Ursache einer Bewegung, aber wenn ein Körper sich nicht bewegt, so ist daraus noch nicht zu schließen, daß keine Kräfte auf ihn einwirken. Wenn z. B. ein Körper auf einer Unterstützung ruht, so wirkt dennoch die Anziehungskraft der Erde auf ihn; ihr Einfluß wird nur aufgehoben, weil eine andere gleich große aber entgegengesetzt gerichtete Kraft zur Wirkung kommt, und zwar der Unterstützungsdruck, der von unten ebenso stark auf den Körper drückt, wie der Körper durch sein Gewicht auf die Unterstützung.

Hier heben sich die beiden wirksamen Kräfte gegenseitig auf und der Körper ist im Gleichgewicht der Ruhe.

Auch an dem in der Höhe schwebenden Vogel muß ein nach oben gerichteter Unterstützungsdruck wirksam sein, den der Vogel sich irgendwie geschafft haben muß, und welcher dem Vogelgewichte das Gleichgewicht hält.

Auch am fliegenden Vogel werden die wirksamen Kräfte sich zusammensetzen, wie die Mechanik es lehrt, sodaß, wenn sie in gleicher Richtung auftreten, sie sich in ihrer Wirkung ergänzen, und wenn sie entgegengesetzt gerichtet sind, sich ganz oder teilweise aufheben, je nach ihrer Größe.

Auch Kräfte, welche nicht nach derselben Richtung am Vogelkörper wirksam sind, kann man nach der Diagonale des aus diesen Kraftlinien gebildeten Parallelogramms zusammensetzen, ebenso, wie man eine Kraft nach dem Parallelogramm der Kräfte in zwei oder mehrere Kräfte zerlegen kann, die dasselbe leisten wie die unzerlegte Kraft.

Auch die durch Kräfte hervorgerufenen Bewegungserscheinungen werden am Vogel sich nicht anders äußern als an jedem anderen Körper.

Wenn eine Kraft einen Körper in Bewegung gesetzt hat und hört dann auf zu wirken, oder eine andere Kraft tritt hinzu, welche der ersten Kraft das Gleichgewicht hält, so bleibt der Körper in Bewegung, aber mit derselben Geschwindigkeit und in derselben Richtung, die er im letzten Augenblicke hatte, als er noch unter dem Einflusse einer einzigen Kraftwirkung stand; er ist dann im Gleichgewicht der Bewegung und keine wirksame Kraftäußerung findet mehr statt, obgleich Bewegung vorhanden ist.

In solcher Lage befindet sich der Körper eines mit gleichmäßiger Geschwindigkeit dahinfliegenden Vogels. Auch hier herrscht Gleichgewicht unter den Kräften, weil der Vogel durch seine Flügelschläge nicht bloß eine Kraftwirkung hervorruft, wodurch er die Schwerkraft aufhebt, sondern er überwindet auch dauernd den Widerstand, den das Durchschneiden der Luft nach der Bewegungsrichtung verursacht.

Wie nun die Natur aus dem ewigen Spiel der Kräfte an der gleichfalls ewigen Materie sich bildet, bringt der Mensch das Kräftespiel durch Wirkung und Gegenwirkung in der Technik zum bewußten Ausdruck.

Einfach erscheint uns der Vorgang, wenn wir durch die Kraft unseres tretenden Fußes die Drehbank oder den Schleifstein in Bewegung setzen, um die Metalle zu bearbeiten und so die Muskelkraft unseres Beines zur Überwindung der Kohäsionskraft und Reibung verwenden. Nicht minder einfach bei richtiger Zergliederung sind die Überlegungen, welche uns dahin führen, die im Brennmaterial schlummernde Kraft als Dampfkraft in Thätigkeit treten zu lassen, wenn es sich darum handelt, Widerstände zu überwinden, denen unsere Muskelkraft nicht gewachsen ist.

Auch die Zeit kann einmal kommen, wo die Flugtechnik einen wichtigen Teil der Beschäftigung des Menschen ausmacht, wenn für die Fliegekunst jene große Überbrückung aus dem Reiche der Ideen in die Wirklichkeit stattfinden sollte, wenn der erste Mensch in klarer Erkenntnis derjenigen Mittel, welche eine übergroße Kraftäußerung beim wirklichen Fliegen entbehrlich machen, einen freien Flug durch die Luft unternimmt.

Sei es, daß jener Mensch seinen Flügelapparat, was wünschenswert wäre, so anzuwenden versteht, daß seine Muskelkraft ausreicht, ihn die erforderliche Bewegung machen zu lassen, sei es, daß er zur Maschinenkraft greifen muß, um seine Flügel mit dem erforderlichen Nachdruck durch die Luft zu führen; in jedem Falle gebührt ihm das Verdienst, zum ersten Male Sieger geblieben zu sein in jenem Ringen, welches sich um die Überwältigung der zum Fliegen notwendigen Kraftanstrengung entsponnen hat.

Die Größe dieser Kraftanstrengung, dieser Arbeitsleistung müssen wir unbedingt kennen lernen. Nur wenn dieses im vollsten Maße geschehen ist, können wir weiter auf Mittel sinnen, das große Problem seiner Verwirklichung entgegenzuführen.

Was aber ist Kraftanstrengung, was versteht man unter Arbeitsleistung beim Fliegen? Auch diese Begriffe können für die Fliegekunst nur dieselbe Bedeutung haben wie in der sonstigen Technik. Jede Kraft, wenn sie in sichtbare Wirkung tritt, leistet Arbeit, jeder Widerstand erfordert Arbeit zu seiner Überwindung. Arbeit ist nötig, um eine Anzahl Ziegelsteine auf das Baugerüst zu heben, Arbeit ist nötig, um das Wasser aus der Erde zu pumpen, Arbeit verursacht das Mischen des Mörtels mit dem Wasser, Arbeit ist auch erforderlich, um — einen Flügel durch die Luft zu schlagen.

Die Größe der Arbeit hängt ab von der Größe der Arbeit leistenden Kraft oder dem zu überwindenden Widerstande. Sie hängt ferner davon ab, auf welcher Wegstrecke diese Überwindung stattfindet.

Arbeitskraft und Arbeitsweg sind also Faktoren, aus denen die Arbeit sich zusammensetzt. Das Produkt aus diesen Faktoren, also „Kraft mal Weg“ giebt einen Maßstab für die Arbeitsmenge.

Dieses Produkt aus der zu überwindenden Kraft und der Wegstrecke, auf welcher diese Kraft überwunden wird, nennt man „mechanische Arbeit“ und mißt in der Regel die Kraft in Kilogrammen und den Weg in Metern. Das auf diese Weise gebildete Produkt bezeichnet man dann mit Kilogrammmetern (kgm).

Die Schnelligkeit, mit welcher eine derartige mechanische Arbeit geleistet wird, hängt von der Stärke oder Energie des dazu verwendeten Kraftaufwandes ab. Die zu einer Arbeitsleistung erforderliche Zeit ist also maßgebend für die Leistungsfähigkeit der Arbeit verrichtenden Kraft.

Die auf eine Sekunde entfallende mechanische Arbeitsleistung pflegt man als Maß dieser Arbeitskraft anzusehen, und in Vergleich mit derjenigen Arbeitsleistung zu stellen, welche ein Pferd durchschnittlich in einer Sekunde hervorzubringen imstande ist.

Ein Pferd kann eine Kraft von 75 kg in einer Sekunde auf einer Strecke von 1 m überwinden, es kann also sekundlich 75 kgm leisten. Hierbei ist gleichgültig, wie groß die Kraft und wie groß die sekundliche Geschwindigkeit ist, wenn nur das Produkt beider 75 beträgt.

Man nennt diese in einer Sekunde vom Pferde zu leistende Arbeit eine Pferdeleistung, Arbeitskraft des Pferdes oder kurz Pferdekraft, das Zeichen dafür ist „HP".

Die Arbeitsleistung des Menschen beträgt ungefähr den vierten Teil einer Pferdekraft, wenn es sich um dauernde Kraftabgabe handelt. Vorübergehend kann jedoch der Mensch bedeutend mehr leisten, besonders, wenn dabei die stark mit Muskeln ausgerüsteten Beine zur Wirkung kommen, wie beim Ersteigen von Treppen.

Auf leicht ersteigbaren Treppen kann man für kurze Zeit sein Gewicht um 1 m pro Sekunde heben. Ein Mann von 75 kg Gewicht leistet also dabei 75 × 1 = 75 kgm oder eine Pferdekraft (HP).

Für die Größe der Arbeit ist nur die Größe der zu überwindenden Kraft und nur der in die Richtung der Kraft fallende sekundliche Weg oder die Geschwindigkeit maßgebend, mit welcher die Kraft zu überwinden ist, nicht aber die Richtung dieser Kraft oder des Überwindungsweges; denn diese Richtung läßt sich durch einfache mechanische Mittel beliebig ändern.

Indem nur noch auf die hebelartige Wirkung der Flügel und die dabei zur Anwendung kommenden Gesetze der Kraftmomente, in denen der Luftwiderstand am Flügel sich äußert, hingewiesen werden soll, erscheint die Fliegekunst als ein mechanisches Problem, dessen Zergliederung die nächste Aufgabe sein soll.

4. Die Kraft, durch welche der fliegende Vogel gehoben wird.

Die Frage, warum der Vogel beim Fliegen nicht zur Erde fällt, wie es kommt, daß der Vogel in der Luft durch eine unsichtbare Kraft getragen wird, ist in Bezug auf die Art der Kraft, welche dem Vogel diesen unsichtbaren Stützpunkt beim Fliegen gewährt, als vollkommen gelöst zu betrachten. Wir wissen, daß diese tragende Kraft nur aus dem Luftwiderstand bestehen kann, den die bewegten Vogelflügel in der Luft hervorrufen.

Wir wissen ferner, daß dieser Luftwiderstand an Größe mindestens gleich dem Vogelgewichte sein muß, während seine Richtung der Anziehungskraft der Erde entgegengesetzt, also von unten nach oben wirken muß.

Da der fliegende Vogel eben mit keinem anderen Körper in Berührung ist als mit der ihn umgebenden Luft, so kann auch die ihn hebende Kraft nur aus der Luft selbst stammen, und die Luft oder Eigenschaften der Luft müssen es sein, welche das Tragen des fliegenden Vogels verursachen.

Diese hier tragend wirkende, durch Flügelbewegungen und Muskelarbeit in der Luft hervorgerufene Kraft kann daher nichts Anderes als Luftwiderstand sein, also diejenige Kraft, welche jeder Körper überwinden muß, wenn er sich in der Luft bewegt, oder der Widerstand, welcher sich dieser Bewegung entgegensetzt. Sie ist aber auch die Kraft, mit welcher bewegte Luft oder Wind auf die im Wege stehenden Körper drückt.

Wir wissen, daß diese Kraft mit der Querschnittsfläche des bewegten oder im Wege stehenden Körpers zunimmt, und im höheren Grade noch mit der Geschwindigkeit wächst, mit welcher der Körper durch die Luft bewegt wird oder mit welcher der Wind auf einen Körper trifft.

Auch auf die von oben nach unten geschlagenen Vogelflügel wird eine dieser Bewegung entgegenstehende also von unten nach oben wirkende Luftwiderstandskraft drücken, aber nur, wenn die Geschwindigkeit des Flügelschlages genügend groß ist, wird ein genügend großer Luftwiderstand entstehen, der imstande ist, das Herabfallen des Vogels zu verhindern.

Das Wiederaufschlagen der Flügel muß dabei unter anderen Bedingungen vor sich gehen, damit nicht auch die umgekehrte Kraft dabei entsteht, die den Vogel ebenso viel niederdrückt, als der Flügelniederschlag ihn hob.

Man kann sich vorläufig denken, daß vor dem Aufschlag die Flügel eine solche Drehung machen, daß möglichst wenig Widerstand beim Heben derselben in der Luft entsteht, oder daß die Luft beim Aufschlag teilweise zwischen den etwa in anderer Stellung befindlichen Federn des Flügels hindurchdringen kann, und so dem Aufschlag wenig Widerstand entgegensetzt.

Was noch an niederdrückender Wirkung beim Heben der Flügel entsteht, muß durch einen Überschuß an Hebewirkung beim Niederschlagen der Flügel wieder aufgehoben werden.

Hieraus ergiebt sich nun, daß durch die Flügelschläge eines fliegenden Vogels ein Luftwiderstand entstehen muß, dessen Gesamtwirkung durchschnittlich gleich einer Kraft ist, welche eine Richtung nach oben und mindestens die Größe des Vogelgewichtes hat.

5. Allgemeines über den Luftwiderstand.

Wenn ein Körper sich durch die Luft bewegt, so werden die Luftteile vor dem Körper gezwungen, auszuweichen und selbst gewisse Wege einzuschlagen. Auch hinter dem Körper wird die Luft in Bewegung geraten.

Hat der Körper eine gleichmäßige Geschwindigkeit in ruhender Luft, so wird auch in der den Körper umgebenden Luft eine gleichmäßige Bewegung eintreten, die im wesentlichen darin besteht, daß die Luft vor dem Körper sich auseinander thut und hinter dem Körper wieder zusammengeht.

Die hinter dem Körper befindliche Luft wird teilweise die Bewegungen des Körpers mitmachen, und außerdem werden gewisse regelmäßige Wirbelbewegungen in der Luft entstehen, welche sich noch eine Zeit lang auf dem von dem Körper in der Luft beschriebenen Wege vorfinden werden und erst allmählich durch die gegenseitige Reibung aneinander zur Ruhe kommen.

Der vorher in Ruhe befindlichen Luft müssen alle diese Bewegungen, die für das Hindurchlassen des Körpers durch die Luft nötig sind, erst erteilt werden; und deshalb setzt die Luft dem in ihr bewegten Körper einen gewissen meßbaren Widerstand entgegen, zu dessen Überwindung eine gleich große Kraft gehört.

Die genauere Kenntnis dieses Luftwiderstandes erstreckt sich nun leider nur auf wenige, ganz einfache Anwendungsfälle, und man kann sagen, daß nur derjenige Luftwiderstand wirklich allgemein bekannt ist, welcher entsteht, wenn eine dünne, ebene Platte senkrecht zu ihrer Flächenausdehnung durch die Luft bewegt wird.

Schon für den Fall, wo diese Bewegung der ebenen Platte oder Fläche durch die Luft unter einer anderen Neigung geschieht, weichen die in den technischen Handbüchern angeführten Formeln in einer wenig Vertrauen erweckenden Weise voneinander ab.

Noch weniger bekannt sind die Gesetze des Luftwiderstandes für gekrümmte Flächen.

Man kann dieses Gebiet der Mechanik als ein bisher sehr wenig erforschtes bezeichnen.

Als ausreichend bewiesen und durch viele Versuche festgestellt erscheint nur der Satz, daß der Luftwiderstand proportional der Fläche zunimmt und mit dem Quadrat der Geschwindigkeit wächst.

Eine ebene Fläche von 1 qm, welche mit gleichmäßiger Geschwindigkeit in der Sekunde einen Weg von 1 m normal zu ihrer Flächenausdehnung zurücklegt, erfährt einen Widerstand von rund 0,13 kg. Hiernach berechnet sich der Luftwiderstand von L kg für eine Fläche von F qm bei einer sekundlichen Geschwindigkeit von v qm nach der Formel:

$$L = 0{,}13 \times F \times v2.$$

Die Richtung dieses Luftwiderstandes steht der Natur der Sache nach senkrecht zur Fläche und der Angriffspunkt seiner Mittelkraft befindet sich im Schwerpunkt der Fläche.

Es ist noch besonders zu bemerken, daß diese Formel nur angewendet werden kann bei einer gleichmäßigen Geschwindigkeit, für welche die Vorgänge in der umgebenden Luft bereits im Beharrungszustande sich befinden. Bei den eigentlichen Flügelschlagbewegungen trifft dieses letztere nicht zu, worauf später näher eingegangen werden soll.

Die Mangelhaftigkeit der Angaben über den Luftwiderstand in den technischen Lehr- und Handbüchern rührt wohl davon her, daß kein rechtes Bedürfnis für die genauere Kenntnis der näheren Eigenschaften des Luftwiderstandes vorhanden war. Erst die Flugtechnik selbst macht diesen Mangel fühlbar, der in der gesamten übrigen Technik weniger zu Tage getreten ist.

6. Die Flügel als Hebel.

Ein auf- und niedergeschlagener Vogelflügel hat an allen Punkten verschiedene Geschwindigkeiten. Nahe am Vogelkörper ist seine Geschwindigkeit fast Null, sie nimmt zu bis zu den Spitzen. Der von den einzelnen Flügelteilen erzeugte Luftwiderstand wird daher auch ein verschiedener sein.

Während wir nun von der Gesamtgröße des Luftwiderstandes, der unter den Vogelflügeln entsteht, wissen, daß dieselbe mindestens die Größe des Vogelgewichtes haben muß, wissen wir zunächst nicht genauer, wie sich der Luftwiderstand in seiner spezifischen Größe auf die einzelnen Flügelpunkte verteilt, da allerhand Nebenumstände hierbei von Einfluß sein können.

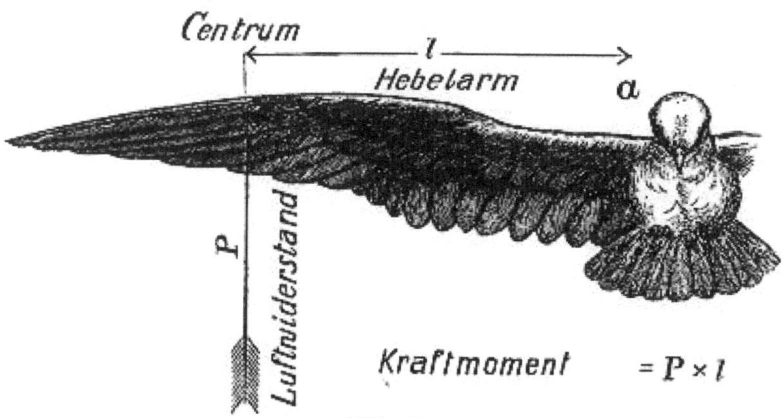

Fig. 1.

Als Centrum des unter jedem Flügel, Fig. 1, wirkenden Luftwiderstandes ist nun derjenige Punkt des Flügels anzusehen, an welchem der ganze Luftwiderstand als Einzelkraft wirkend gedacht werden muß, um für den Drehpunkt *a* des Flügels dasselbe Kraftmoment zu bilden, wie der in Wirklichkeit auftretende ungleichmäßig verteilte, hebend wirkende Luftwiderstand. Für den Drehpunkt *a* des Flügels ist *l* der Hebelarm des Luftwiderstandes.

An diesem Centrum würde für den Vogel der Luftwiderstand fühlbar werden, wenn der Vogelflügel ein vollkommen starres Organ, ein starrer Hebel wäre, was er aber in der That nicht ist. Der Vogel würde in diesem Centrum den eigentlichen Stützpunkt, auf dem er ruht, fühlen. Obwohl dies nun wörtlich genommen nicht der Fall sein wird, so ergiebt sich durch das Herunterschlagen der Flügel für den Vogel doch dieselbe Anstrengung, als wenn er mit dem als Hebel gedachten Flügel eine Kraft überwinden müßte, welche gleich dem Luftwiderstand wäre und in seinem Centrum angriffe.

Für die eigentliche Flügelgeschwindigkeit, welche für den Vogel in betreff seiner Muskelthätigkeit fühlbar wird, haben wir mithin die Geschwindigkeit desjenigen Flügelpunktes anzusehen, in welchem das Centrum des unter seinem Flügel wirkenden Luftwiderstandes liegt. Für die Beanspruchung des Flügels im Punkte *a* bildet $P \times l$ das Kraftmoment, nach dem die Festigkeit der am meisten beanspruchten Flügelstelle zu berechnen wäre.

7. Über den Kraftaufwand zur Flügelbewegung.

Der Vogel fühlt den Widerstand, den seine Flügel in der Luft erfahren, er überwindet diesen Luftwiderstand, und darin besteht im wesentlichen der Kraftaufwand oder die Arbeitsleistung des fliegenden Vogels. Der zu überwindende Luftwiderstand wird namentlich beim Herunterschlagen der Flügel vorhanden sein.

Die sekundliche Arbeitsleistung des Vogels beim Flügelschlag ist ein Produkt aus der überwundenen Kraft und der Wegstrecke, auf welcher diese Kraft in der Sekunde zu überwinden ist, also der von den Flügeln erzeugte Luftwiderstand multipliziert mit der sekundlichen Geschwindigkeit des Luftwiderstandscentrums.

Ist der Widerstand in Kilogrammen und die Geschwindigkeit in Metern gemessen, so ergiebt sich die Arbeitsleistung oder der sekundliche Kraftaufwand in Kilogrammmetern, von denen 75 auf 1 HP (Pferdekraft) gehen.

Kennen wir demnach den von den beiden Flügeln erzeugten Luftwiderstand *L*, Fig. 2, und die Geschwindigkeit in seinen Angriffspunkten bei *c*, so können wir den zu dieser Flügelbewegung nötigen und durch die Muskelkraft des Vogels auszuübenden Kraftaufwand genau berechnen.

Fig. 2.

Wenn z. B. ein Vogel durchschnittlich einen Luftwiderstand von 3 kg erzeugen muß, um sich in der Luft fliegend zu halten, und die Flügel im Centrum dabei eine durchschnittliche Geschwindigkeit von 1 m pro Sekunde haben, so leistet er die sekundliche Arbeit von 3 × 1 = 3 kgm oder 1 25 Pferdekraft.

Es soll dieses Beispiel nur den Zusammenhang zwischen dem Flugresultat und demjenigen Zahlenwert veranschaulichen, welcher die zum Fliegen erforderliche Arbeit ausdrückt.

8. Der wirkliche Flügelweg und die fühlbare Flügelgeschwindigkeit.

Das Vorwärtsfliegen ist der eigentliche Zweck des Fliegens, und daher werden die Vögel mit ihren Flügeln in der Luft meistens eine Bewegung machen, welche nicht bloß von oben nach unten, sondern gleichzeitig vorwärts gerichtet ist. Es ergiebt sich daher ein absoluter Weg und eine absolute Geschwindigkeit für die einzelnen Flügelpunkte von verschieden geneigter Lage.

In Bezug auf den Kraftaufwand, der namentlich zum Herabschlagen der Flügel nötig ist, wird diese absolute Geschwindigkeit der Flügel aber nicht in Rechnung zu ziehen sein, sondern nur der Bestandteil dieser Geschwindigkeit, relativ zum vorwärts bewegten Vogelkörper, denn der Vogel überwindet den ihm fühlbaren, gegen seine Flügel gerichteten Luftwiderstand immer nur mit der Geschwindigkeit, mit welcher er die Flügel relativ zu seinem Körper herabdrückt. Nur diese Bewegung kostet ihn Anstrengung, indem nur für sie die Zusammenziehung seiner Flügelmuskeln erforderlich ist.

Diese in Rede stehende Geschwindigkeit der Vogelflügel, relativ zum Vogelkörper gemessen, dürfen wir daher die fühlbare Flügelgeschwindigkeit nennen. Nur diese Geschwindigkeit kommt in Betracht, wenn es sich um die Berechnung der beim Fliegen zu leistenden Muskelarbeit des Vogels handelt, möge der Vogel noch so schnell dabei vorwärts fliegen.

Die fühlbare Flügelgeschwindigkeit wird nicht immer absolut senkrecht gerichtet sein, auch wird nicht nur der Niederschlag, sondern in geringerem Grade auch die Flügelhebung den Vogel Anstrengung kosten; es gilt hier aber zunächst, den Teil der Flügelgeschwindigkeit auszuscheiden, welcher außer acht gelassen werden muß, wenn aus den Bewegungen des Vogels berechnet werden soll, welche mechanische Arbeit er beim Fliegen leisten muß.

9. Der sichtbare Kraftaufwand der Vögel.

Wenn wir einen Vogel fliegen sehen, so können wir uns allemal ein ungefähres Bild von seiner bei diesem Fluge zu leistenden Kraftanstrengung verschaffen. Je langsamer die Flügelschläge erfolgen, und je geringer ihr Ausschlag ist, desto weniger Arbeit wird der Flug dem Vogel verursachen. Wenn der Vogel gar mit stillgehaltenen Flügeln segelt oder kreist, so werden wir annehmen müssen, daß seine Muskelthätigkeit dabei eine verschwindend kleine ist.

Aber auch einen ungefähren Zahlenwert für die Flugarbeit der Vögel können wir ohne Schwierigkeiten erhalten. Wir können die Flügelschläge zählen, welche vom Vogel in der Sekunde gemacht werden; wir können uns die Kenntnis vom Gewichte des Vogels und von der Form seiner ausgebreiteten Flügel verschaffen; wir können aus letzterer auch auf die ungefähre Lage desjenigen Flügelpunktes schließen, an welchem die Mittelkraft des hebenden Luftwiderstandes angreift, und nach Feststellung des Flügelausschlages den ungefähren Hub dieses Luftwiderstandscentrums in Metern gemessen angeben.

Durch unsere Sinneswahrnehmungen an einem fliegenden Vogel können wir daher mit einem gewissen Grad von Genauigkeit die Fliegearbeit herleiten, welche in der Überschrift „Der sichtbare Kraftaufwand der Vögel" genannt ist.

Es sei angenommen, was ja annähernd der Fall ist, daß der Vogel die Flügel gleich schnell hebt und senkt, daß also für die Flügelaufschläge in Summa dieselbe Zeit verbraucht wird als zu den Niederschlägen. Es sei ferner angenommen, daß der Flügelaufschlag verschwindend wenig auf Hebung und Senkung des Vogels einwirkt und auch verschwindend wenig Muskelarbeit erfordert. Die Fliegearbeit des Vogels besteht dann nur im Herunterschlagen der Flügel, und nur die hierbei pro Sekunde zurückgelegte relativ zum Vogel gemessene Wegstrecke des Luftwiderstandscentrums ist für die Rechnung in Anschlag zu bringen.

Wenn der Vogel G kg wiegt, wird beim Flügelaufschlag diese Kraft ihn herunterdrücken, denn sie wirkt während dieser Zeit allein auf den Vogel. Damit der Vogel aber beim Flügelniederschlag sich wieder ebensoviel hebt, wie er beim Flügelheben sank, muß auch beim Flügelniederschlag eine Kraft von G kg hebend auf den Vogel wirken. Der Vogel muß daher durch Niederschlagen seiner Flügel einen nach oben wirkenden Luftwiderstand erzeugen von der Größe $2G$, damit nach Abzug seines Gewichtes G noch ein G als Hebewirkung übrigbleibt. Nur so ist der Vogel, welcher ohne zu steigen und ohne zu sinken fliegt, im Gleichgewicht zu denken.

In Wirklichkeit geschieht der Flügelaufschlag der Vögel, wie die Beobachtung lehrt, etwas schneller wie der Niederschlag. Dadurch würde der hebende Luftwiderstand etwas kleiner als $2G$ sein dürfen. Läßt man ihn jedoch für die überschlägliche Rechnung zunächst in dieser Größe, so hat man ein Äquivalent für die jedenfalls geringe, aber immerhin noch vorhandene Arbeitsleistung beim Aufschlag der Flügel.

Die beim Flügelniederschlag vom Vogel zu überwindende Kraft ist mithin in der Größe von $2G$ in Anschlag zu bringen, und die während des Niederschlages auf den Vogel wirkenden Kräfte sind durch Fig. 3 dargestellt.

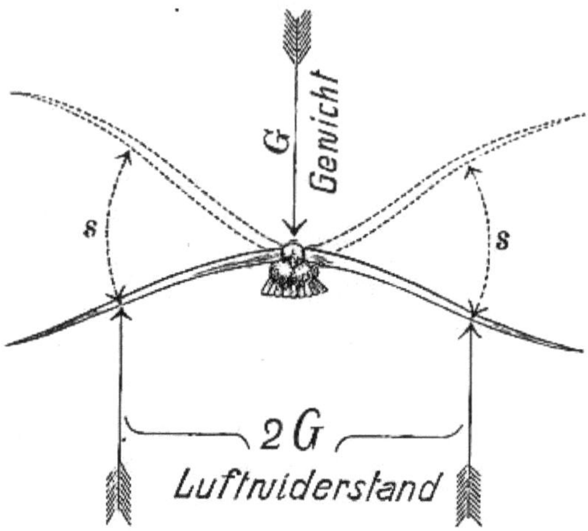

Fig. 3.

Diese Widerstandskraft ist nun vom Vogel auf der Ausschlagsstrecke des Druckcentrums so oft in der Sekunde zu überwinden als Flügelschläge in der Sekunde gezählt wurden, und dieses giebt den zweiten Faktor des Produktes, aus dem sich der pro Sekunde zu leistende Kraftaufwand zusammensetzt. Nennen wir die Ausschlagsstrecke s, und werden n Flügelschläge pro Sekunde gemacht, so ist der sekundliche Widerstandsweg $n \times s$ und die sekundliche Arbeitsleistung

$$A = 2G \times n \times s.$$

Ein Beispiel möge dies erläutern:

Ein 4 kg schwerer Storch macht 2 Flügelschläge in der Sekunde und der Flügelausschlag beträgt im Centrum des Luftwiderstandes etwa 0,4 m.

Es ist also für den Storch $G = 4$; $n = 2$; $s = 0{,}4$. Er braucht daher ungefähr den Kraftaufwand $A = 2 \times 4 \times 2 \times 0{,}4 = 6{,}4$ kgm, also noch nicht den zehnten Teil einer Pferdekraft.

Es ist ganz lehrreich, auf diese Weise die ungefähre Kraftleistung verschiedener Vögel zu berechnen. Man wird finden, daß dieselbe viel geringer ist, als man im allgemeinen annimmt.

Gewährt nun diese Art der Berechnung zunächst auch nur einen ungefähren Überschlag der Kraftleistung, so ist doch einzusehen, daß sich der so erhaltene Wert nicht viel von dem wirklichen Kraftaufwand der Vögel unterscheiden kann.

10. Die Überschätzung der zum Fliegen erforderlichen Arbeit.

Die geringe Kenntnis der Gesetze des Luftwiderstandes war schuld, daß sich für die Arbeit, welche die Vögel beim Fliegen leisten müssen, eine Meinung herausgebildet hat, wonach die Vögel wahre Ungeheuer von Muskelkraft sein sollten. Man maß nicht die Geschwindigkeit, mit welcher die Vögel ihre Flügel wirklich bewegen, sondern maß die Größe der Flügelflächen, und berechnete, wie schnell sie dieselben bewegen müssen, um einen genügend großen Luftwiderstand zu erzeugen. Hierbei wurden Formeln benutzt, wie solche in den technischen Handbüchern zu finden sind, und was sich dadurch ergab, zerstörte alle Hoffnung, den Vogelflug mit mechanischen Mitteln nachahmen zu können. Auch hierfür soll ein Beispiel angeführt werden:

Derselbe vorhin betrachtete Storch von 4 kg Gewicht besitzt eine Flugfläche von cirka 0,5 qm. Es fragt sich nun, wie schnell muß diese Fläche abwärts bewegt werden, um während der Zeit des Flügelniederschlages einen Luftwiderstand von $2 \times 4 = 8$ kg hervorzurufen, der zur dauernden Hebung ausreicht.

Nach der gewöhnlichen Luftwiderstandsformel:

$$L = 0{,}13 \times F \times v2$$

erhält man

$$8 = 0{,}13 \times 0{,}5 \times v2,$$

woraus folgt: $v = \sqrt{8}$
$0{,}13 \times 0{,}5 =$ cirka 11 m.

Diese Geschwindigkeit wirkt aber nur während der halben Flugdauer, ist daher nur mit 5,5 m in Anschlag zu bringen, woraus sich eine sekundliche Arbeitsleistung für den Storch von $8 \times 5{,}5 = 44$ kgm ergiebt, also mehr wie 1/2 HP.

Hierbei ist angenommen, daß alle Flügelpunkte gleich stark ausgenützt werden, indem sie alle an der Geschwindigkeit von 11 m teilnehmen. Würde man die eigentliche Flügelbewegung in Rechnung ziehen, so würde sich ein noch ungünstigeres Verhältnis herausstellen und für den Storch sich eine Arbeitsleistung von mehr wie 75 kgm oder über eine Pferdekraft berechnen, während in Wirklichkeit vom Storch nur cirka 1/10 Pferdekraft beim ungünstigsten Fliegen geleistet wird.

Dieses Beispiel beweist, wie sich über den Kraftverbrauch beim Fliegen eine Meinung herausbilden konnte, welche das Heil der ganzen Fliegekunst nur in der Beschaffung außergewöhnlich starker und leichter Motoren erblickte. Die Beobachtung der Natur hingegen lehrt, daß die Kraftproduktionen der Vogelwelt, aus denen dieses Bedürfnis nach eigenartigen Motoren hervorgehen sollte, in das Reich der Fabeln zu verweisen sind, und sie drängt uns dafür die Überzeugung auf, daß doch noch irgendwo die richtigen Schlüssel für die Lösung dieser Widersprüche verborgen sein müssen.

11. Die Kraftleistungen für die verschiedenen Arten des Fluges.

Wohl ist der Vogel ein starkes Tier, und sein Flugapparat ist mit Muskeln ausgestattet, wie wenig andere Bewegungsorgane in der Tierwelt; daß jedoch Kraftleistungen von den Vögeln ausgeübt werden können, wie zuletzt berechnet, und wonach der Storch schon eine Pferdekraft gebraucht, ist unwahrscheinlich und nach dem, was wir über die Eigenschaften der Muskelsubstanz wissen, als unmöglich anzusehen. Der ebenfalls berechnete sichtbare Kraftaufwand, der jedenfalls mit der Wirklichkeit in engerem Zusammenhange steht, ergiebt hingegen für die Muskelanstrengungen der Vögel Resultate, nach denen letztere zwar auch als mit starken Muskeln organisierte Wesen erscheinen, welche jedoch die Grenzen des Natürlichen nicht überschreiten.

Hier kommt nun noch hinzu, daß, wie jeder aufmerksame Beobachter der Vogelwelt weiß, viele Vögel imstande sind, fast ohne Flügelschlag, also auch fast ohne Muskelanstrengung sich scheinbar segelnd oder schwebend in der Luft zu halten, ohne zu sinken. Wir nehmen diese Erscheinungen an den meisten Raub- und Sumpfvögeln, sowie fast an allen Seevögeln wahr. Dieselben bedienen sich, wenn auch nicht ausschließlich, so doch vielfältig des Segelfluges, woraus zu folgern ist, daß der Segelflug besonders für gewisse Arten der Fortbewegung in der Luft oder besonders für gewisse Zustände der Luft geeignet ist.

Immerhin ist festgestellt, daß unter gewissen Umständen ein lange dauerndes Fliegen ohne wesentliche Flügelschläge möglich sein muß, und daß für viele Fälle ein Fliegen in der Luft mit Hülfe von geeigneten Flügeln bewirkt werden kann, zu welchem nur eine äußerst geringe motorische Leistung nötig ist, sogar nur ein Kraftaufwand, welcher scheinbar noch geringer ist, als der zum Gehen auf der Erde erforderliche.

Nur unter Annahme dieser äußerst geringen Fliegearbeit ist auch die Ausdauer, welche viele Vögel beim Fliegen bethätigen, denkbar. Viele unter ihnen fliegen thatsächlich den ganzen Tag vom Sonnenaufgang bis Sonnenuntergang, ohne sichtbare Ermüdung. Schon alle unsere Schwalbenarten, die buchstäblich in der Luft leben, liefern uns hierfür ein gutes Beispiel. Lassen sich doch diese eigentlich nur dann nieder, um das Material zum Bau ihres Nestes von der Erde aufzuheben, ja, die Turmschwalbe vermag nicht einmal von der flachen Erde aufzufliegen, und benutzt ihre verkümmerten Füße nur, um in ihr Nest hineinzukriechen. Wie wäre aber ein solches Leben in der Luft denkbar, ohne die Annahme einer durchschnittlich wenigstens mäßig großen Fliegearbeit; welche Energie müßten Ernährungsprozeß und Atmungsthätigkeit haben, wenn ein solches unausgesetztes Fliegen eine motorische Leistung erforderte, wie dieselbe mit Hülfe der bekannten Luftwiderstandsformel sich berechnet?

Wir stehen hier zunächst vor einem Rätsel, dessen nähere Besprechung die Aufgabe der nächsten Abschnitte sein soll.

Diese in die Erscheinung tretende geringe Flugarbeit kann der Vogel aber nicht immer anwenden, z. B. dann nicht, wenn er sich bei Windstille von der Erde oder vom Wasser erhebt, oder wenn er genötigt ist, sich in ruhender Luft, ohne vorwärts zu fliegen, zu halten. Wir sehen ihn dann viel stärker wie gewöhnlich mit den Flügeln schlagen und merken ihm entschieden an, daß ein derartiges Fliegen ihm eine solche Anstrengung verursacht, die ihn in kurzer Zeit ermüdet. Aber auch diese Anstrengung erreicht bei weitem nicht die Größe der im vorigen Abschnitt berechneten, wenn schon sie das Vorhandensein der großen auf der Brust gelagerten Flügelmuskel erklärt.

Wir haben eben bei den Vögeln verschiedene Fälle von Kraftleistung beim Fliegen zu unterscheiden, je nach den verschiedenen Arten des Fliegens.

Wir wissen, daß das Auffliegen in windstiller Luft den Vögeln besondere Anstrengung verursacht. Es giebt sogar viele Vogelarten, die ein Auffliegen von ebener Erde überhaupt nicht fertig bringen, trotzdem aber zu den gewandtesten und ausdauerndsten Fliegern gerechnet werden müssen.

Die meisten kleineren Vögel sind allerdings imstande, ohne Vorwärtsgeschwindigkeit eine Zeit lang stillstehend, sogar etwas steigend in ruhiger Luft sich zu halten.

Wir können dies z. B. am Sperling beobachten, wenn er unter vorspringenden Dachgesimsen nach Insekten sucht.

Aber der Möglichkeit eines derartigen Fliegens sind enge Grenzen gezogen.

Daß ein Sperling, welcher in einen, wenn auch weiteren Schornstein gefallen ist, diesen durch senkrechtes Auffliegen nicht wieder verlassen kann, ist bekannt. Aber auch in größeren Lichtschächten von etwa einer Grundfläche von 2 m im Quadrat können Sperlinge nur wenige Meter hoch fliegen und fallen meist, ohne die Höhe zu erreichen, ermattet wieder nieder. Sie können offenbar hierbei nicht diejenige Vorwärtsgeschwindigkeit erlangen, welche ihrem Fluge nötig ist.

Aus diesen und vielen anderen Beispielen erscheint das Fliegen ohne Vorwärtsgeschwindigkeit als dasjenige, welches die größte Anstrengung erfordert.

Schon durch einen Vergleich der Flügelschlagzahlen ergiebt sich, daß ein schnell vorwärtsfliegender Vogel viel weniger Arbeitsleistung aufzuwenden braucht, als wie bei Beginn seines Fluges nötig war. Auch der Flügelhub nimmt beim schnellen Vorwärtsfliegen wesentlich ab.

Es müssen unbedingt beim Vorwärtsfliegen Wirkungen eintreten, welche in den Gesetzen des Luftwiderstandes begründet sind und diese nicht wegzuleugnende Arbeitsverminderung hervorrufen, welche also die Veranlassung sind, daß auch schon bei langsamerem, weniger weit ausgeholtem Flügelschlag, der also auch weniger Arbeit verursacht, derjenige Luftwiderstand entsteht, der gleich oder größer wie das Vogelgewicht ist und eine genügende Hebung bewirkt. Der Nutzen, den das Vorwärtsfliegen dem Vogel bringt, wird ihm auch von dem auf ihn zuströmenden Winde gewährt. Alle Vögel erleichtern sich daher das Auffliegen, indem sie gegen den Wind sich erheben, oft selbst auf die Gefahr hin, über das Rohr oder den Rachen des Verfolgers hinweg zu müssen; denn bei der Jagd auf Vögel rechnen sowohl Mensch wie Tiere mit diesem Umstande.

Viele größere Vögel pflegen stets beim Auffliegen durch Hüpfen in großen Sätzen sich erst die erforderliche Vorwärtsgeschwindigkeit zu geben. Wer jemals einen Reiher, Kranich oder anderen größeren Sumpfvogel bei Windstille auffliegen sah, dem wird dieses charakteristische, von Flügelschlägen begleitete Hüpfen unvergeßlich bleiben.

Endlich nehmen wir an vielen Vögeln eine dritte Flugart wahr, bei welcher die Kraftanstrengung noch viel geringer sein muß, indem die Flügel eigentlich nicht auf- und niedergeschlagen werden, sondern sich nur wenig drehen und wenden. Der Vogel scheint mit den Flügeln auf der Luft zu ruhen und die Flügelstellung nur von Zeit zu Zeit zu verbessern, um sie der Luft und seiner Flugrichtung anzupassen.

Soviel bis jetzt bekannt, ist zu einem derartigen dauernden Schweben ohne Sinken, das vielfach in kreisender Form geschieht, eine gewisse Windstärke erforderlich; denn alle Vögel suchen zu derartigen Bewegungen höhere Luftregionen auf, in denen der Wind stärker und ungehinderter weht.

Einen deutlichen Beweis hierfür liefern beispielsweise die in einer Waldlichtung aufsteigenden Raubvögel. Sie erheben sich mit mühsamen Flügelschlägen, da in der Lichtung fast Windstille herrscht. Sowie sie aber die Höhe der Baumkronen erreicht haben, über denen der Wind ungehindert hinstreicht, beginnen sie ihre schönen Kreise zu ziehen. Sie halten dann die Flügel still und fallen nicht etwa wieder herab, sondern schrauben sich höher und höher, bis sie oft kaum noch mit bloßem Auge erkennbar sind.

Ein solcher Schwebeflug ist nicht zu verwechseln mit dem Sichtreibenlassen, das man an allen Vögeln bemerkt, wenn dieselben die ihnen augenblicklich innewohnende lebendige Kraft ausnutzen und mit stillgehaltenen Flügeln dahinschießen, meistens allmählich sinkend und an Geschwindigkeit abnehmend, bis sie sich setzen. Das letzte Ende einer so durchflogenen Strecke und der letzte Rest der lebendigen Kraft wird häufig dazu benutzt, eine kleine Hebung auszuführen, namentlich wenn nicht die flache Erde, sondern ein erhöhter Sitzpunkt gewählt ist.

Haben wir uns hiermit einen allgemeinen Überblick über die verschiedenen Flugarten verschafft, so können wir die Fliegebewegungen hiernach in betreff der erforderlichen Kraftleistung in 3 Gruppen eintheilen.

Die erste derselben besteht in dem Fliegen ohne Vorwärtsbewegung, aber auch ohne Windwirkung, also genauer ausgedrückt in dem Fliegen, wo der Vogel gegen die ihn umgebende Luft keine wesentliche Ortsveränderung erfährt. Dieses wäre dann auch der Fall, wenn ein Vogel mit dem Winde fliegt und zwar genau so schnell, wie der Wind weht. In diesen Fällen ist die vorkommende größte Flugarbeit erforderlich, abgesehen davon, wenn der Vogel noch außerdem senkrecht sich schnell erheben will. Zu der Bewältigung dieser Arbeitsgröße findet eine Ausnutzung des großen Muskelmaterials der Vögel statt. Jeder Vogel kommt auch in die Lage, sowohl beim Auffliegen als bei seinen Jagdmanövern diese auf seiner Brust gelagerte Muskelmasse auszunutzen, er braucht dieselbe daher, um in sein Element hineinzukommen und sich darin zu ernähren.

Die zweite Fliegeart ist die, welche von den meisten Vögeln zu ihrer gewöhnlichen Fortbewegung angewendet wird. Sie besteht in dem gewöhnlichen Ruderflug mit mäßig schnellem Flügelschlag. Diesen Flug können alle Vögel ausführen. Er ist immer mit Ausnahme des Fliegens gegen starken Wind mit einer schnellen Ortsveränderung verbunden. Der Ruderflug verursacht den Vögeln eine mäßige Anstrengung und viele derselben entwickeln hierbei eine bedeutende Ausdauer, woraus zu schließen ist, daß die dazu in Thätigkeit kommenden Muskeln nicht bis auf das äußerste Maß ihrer Spannkraft beansprucht werden.

Die dritte Art des Fliegens endlich ist diejenige, welche wir mit Schwebeflug zu bezeichnen haben, und welche fast einem passiven Schweben in der Luft gleicht, indem dabei keine, eigentliche Kraftleistung erfordernde Flügelschläge stattfinden.

Zu einem solchen schwebenden Fliegen scheint eine gewisse vorteilhafte Organisation des Flugapparates erforderlich zu sein, da nur gewisse und vorwiegend größere Vogelarten sich eines solchen anstrengungslosen Fluges bedienen können.

Diese Fliegeart erweckt insofern das größte Interesse, als sie den Beweis liefert, daß die Lösung des Fliegeproblems durch den Menschen nicht von der Kraftbeschaffung abhängt, weil es eine Fliegeart giebt, zu der so gut wie keine Kraftleistung erforderlich ist, und deren Nutzbarmachung nicht mit der Kleinheit, sondern mit der Größe der Vögel zunimmt.

Die Grundzüge dieser Fliegeart kennen zu lernen, muß als die vornehmste Aufgabe der Flugtechnik betrachtet werden. Aber auch um die Rätsel der anderen Fliegearten zu lösen, über die bei diesen stattfindenden mechanischen Vorgänge Rechenschaft zu geben, um den wirklichen Kraftbedarf nachweisen zu können, ist die Flugtechnik berufen.

12. Die Fundamente der Flugtechnik.

Nur fundamentale Untersuchungen können die richtige Erkenntnis der Vorgänge beim Vogelfluge fördern, und auf die Fundamente der Flugtechnik müssen wir zurückgreifen, wenn es sich darum handelt, die vollkommenen Bewegungserscheinungen, wie die Vogelwelt sie uns bietet, möglichst richtig zu erkennen und dann künstlich nachzuahmen.

Von der einschneidendsten Wirkung muß das Gefundene sein, um den großen Widerspruch zu lösen, der bei der Berechnung der Flugarbeit sich ergiebt.

Wie aber müssen nun solche Flügel beschaffen sein, und wie müssen wir sie bewegen, wenn wir das nachbilden wollen, was die Natur uns so meisterhaft vormacht, wenn wir einen freien schnellen Flug bewirken wollen, der nur eine geringe Arbeitsleistung erfordert?

Alles Fliegen beruht auf Erzeugung von Luftwiderstand, alle Flugarbeit besteht in Überwindung von Luftwiderstand.

Der Luftwiderstand muß immer in genügender Stärke erzeugt werden, aber er muß mit möglichst geringer Arbeitsgeschwindigkeit überwunden werden können, damit die zu seiner Überwindung nötige, also zum Fliegen erforderliche Arbeit eine möglichst geringe wird.

Hierin wurzelt die Überzeugung, daß unsere Erkenntnis der wirklichen mechanischen Vorgänge beim Vogelfluge nur gefördert werden kann, wenn wir die Gesetze des Luftwiderstandes erfolgreich erforschen, sowie die Überzeugung, daß diese Kenntnis uns dann auch die Mittel an die Hand giebt, erfolgreich auf dem Gebiete der Flugtechnik thätig zu sein; denn der Vogelflug ist eben eine verhältnismäßig wenig Kraft erfordernde Fliegemethode, und wenn wir diese richtig erkannt haben, so werden wir auch die Mittel finden, uns ihre Vorteile nutzbar zu machen.

Somit bilden die Gesetze des Luftwiderstandes die Fundamente der Flugtechnik.

Wie kann aber die Erforschung der Gesetze des Luftwiderstandes, überhaupt das Kennenlernen derjenigen Eigenschaften unserer Atmosphäre, welche mit Vorteil zum Heben eines frei fliegenden Körpers ausgenutzt werden können, vor sich gehen? Die einfache theoretische Überlegung kann hier nur Vermutungen, aber keine Überzeugungen hervorrufen. Der einfache praktische Versuch kann wohl positive Resultate zu Tage fördern, aber der weitere Ausbau zu einer umfassenden Erkenntnis wird dennoch wiederum auch eingehende theoretische Überlegung nötig machen, und so ist nur denkbar, daß das rechte Licht über dieses noch so dunkle

Forschungsgebiet verbreitet wird, wenn Theorie und Praxis erfolgreich Hand in Hand gehen.

Die wenigen bisher für diesen Aufbau vorhandenen Bausteine sollen in den nächsten Abschnitten behandelt werden.

Es wird sich hieraus zwar noch lange nicht eine erschöpfende Erklärung der einzelnen Vorgänge beim Vogelfluge herleiten lassen, aber das wird sich schon daraus ergeben, daß der natürliche Vogelflug die Eigenschaften der Luft in so vorteilhafter Weise verwertet und derartig zweckentsprechende mechanische Momente enthält, daß ein Aufgeben dieser, dem natürlichen Vogelfluge anhaftenden Vorteile gleichbedeutend ist mit einem Aufgeben jeder praktisch ausführbaren Fliegemethode. Und dies gilt natürlich in erster Linie für die Frage des Kraftaufwandes. Wie diese Frage von den Flugtechnikern gelöst werden wird, davon wird es abhängen, ob wir dereinst im stande sein werden, uns einer Fortbewegungsart zu bedienen, wie wir sie in dem Fliegen der Vögel täglich vor Augen haben.

13. Der Luftwiderstand der ebenen, normal und gleichmäßig bewegten Fläche.[1]

[1] Der Ausdruck Fläche soll hier und später für eine körperliche möglichst dünn hergestellte Flugfläche gelten. Der Ausdruck Platte konnte nicht einheitlich gewählt werden, weil derselbe sich nicht gut für die später zu betrachtenden gewölbten Flügel anwenden läßt.

Wenn eine dünne ebene Platte normal zu ihrer Flächenausdehnung mit gleichmäßiger Geschwindigkeit durch die Luft bewegt wird, so haben wir gewissermaßen den einfachsten Bewegungsfall, in welchem dann auch eine rein theoretische Betrachtung mit Zugrundelegung der Dichtigkeit der Luft dasjenige Resultat ergiebt, welches sich ziemlich genau mit dem Ergebnis des praktischen Versuchs deckt.

Man findet, daß dieser Luftwiderstand in dem geraden Verhältnis mit der Flächengröße zunimmt und mit dem Quadrat der Geschwindigkeit wächst, zu welchem Produkt noch ein konstanter Faktor hinzutritt, der von der Dichtigkeit der Luft und der daraus folgenden Trägheit abhängt. Für die hier anzustellenden Betrachtungen genügt es, die Schwankungen, denen die Dichtigkeit der Luft durch Temperatur und Feuchtigkeit unterworfen ist, außer acht zu lassen und die schon erwähnte abgerundete Formel

$$L = 0{,}13 \times F \times v2$$

anzuwenden.

Die Umfangsform der ebenen Fläche sowohl wie ihre Oberflächenbeschaffenheit, ob rauh oder glatt, ist, wie Versuche ergeben haben, nur von verschwindendem Einfluß auf die Größe dieses Luftwiderstandes.

Die bei einer solchen, mit gleichmäßiger Geschwindigkeit bewegten Fläche auftretenden Vorgänge in der Luft sind bereits in dem Abschnitt 5 „Allgemeines über den Luftwiderstand“ erörtert.

14. Der Luftwiderstand der ebenen, rotierenden Fläche.

Die Bewegung des Vogelflügels zum Vogelkörper gleicht annähernd der Bewegung einer um eine Achse sich drehenden Fläche. Für jeden mit der Drehachse parallelen Streifen einer solchen Fläche *A*, *A*, *B*, *B* in Fig. 4 entsteht wegen der verschiedenen Geschwindigkeit auch verschiedener Luftwiderstand.

Wenn ein Flügel von der Länge *AB* = **L** um die Achse *AA* sich dreht, so wird, wenn der Flügel überall gleiche Breite hat, der specifische Luftwiderstand mit dem Quadrat der Entfernung von *A* zunehmen. Teilt man den Flügel parallel der Achse in viele gleiche Streifen und trägt die entsprechenden zu diesen Streifen gehörigen Luftwiderstände als Ordinaten auf, so liegen deren Endpunkte, wie Fig. 5 veranschaulicht, in einer Parabel *AD*. Die durch *C* gehende Schwerlinie der Parabelfläche *ABD* giebt in *C* das Centrum des auf den Flügel wirkenden Luftwiderstandes. Der Punkt *C* liegt auf 3/4 Flügellänge von *A* entfernt. Man kann, wie in Fig. 6, hierfür auch eine andere Anschauungsweise zum Ausdruck bringen. Sowie die Parabelordinaten zunehmen, nehmen auch die Querschnitte einer Pyramide zu, ebenso wie die Gewichte von Pyramidenscheibchen, wenn man sich die Pyramide parallel der Basis *B*, *B*, *B*, *B* in viele gleich starke Platten zerschnitten denkt. Der Schwerpunkt dieser Platten ist der ebenfalls auf der Länge 3/4**L** von der Spitze *A* entfernte Schwerpunkt der Pyramide.

Fig. 4.

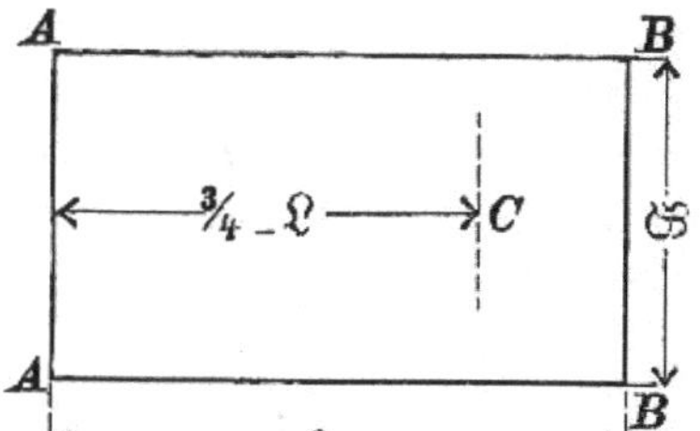

Fig. 5.

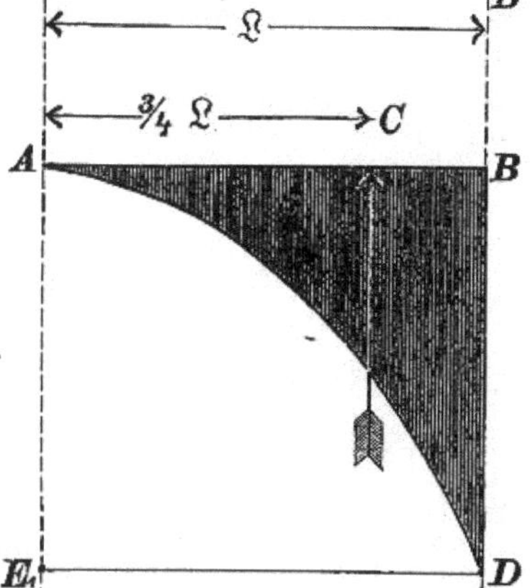

Fig. 6.

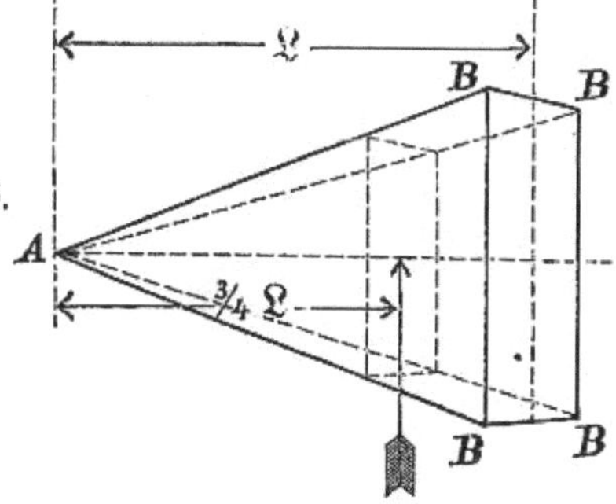

Der durch die Fläche *ABD* in Fig. 5 dargestellte oder durch den Pyramideninhalt, Fig. 6, veranschaulichte Gesamtluftwiderstand beträgt 1/3 von demjenigen Luftwiderstand, welcher dem Rechteck *ABDE* entsprechend entstände, wenn die ganze Flügelfläche mit der Geschwindigkeit ihrer Endkante *B* sich durch die Luft bewegte. Ist **B** die Flügelbreite, **L** die Flügellänge, und *c* die Geschwindigkeit der Endkante *BB*, so wird der Luftwiderstand ausgedrückt durch die Formel

$$W = 1/3 \times 0{,}13 \times \mathbf{B} \times \mathbf{L} \times c^2.$$

Will man die Formel aber auf die Winkelgeschwindigkeit ω beziehen, so ergiebt sich durch Einsetzen von $\mathbf{L}^2\omega^2$ für c^2

$$W = 1/3 \times 0{,}13 \times \mathbf{B} \times \mathbf{L}^3 \times \omega^2.$$

Wenn ein dreieckiger Flügel *ABD*, Fig. 7, um eine Kante *AD* sich dreht, so entsteht nur 1/4 von demjenigen Luftwiderstand, der sich bilden würde, wenn die Breite **B** auf der ganzen Länge **L** vorhanden wäre, also nur 1/4 von dem Luftwiderstand, wie im vorigen Falle.

Obwohl also die Dreiecksfläche halb so groß ist, wie das früher betrachtete Rechteck, sinkt der Luftwiderstand auf 1/4 seiner früheren Größe herab, weil gerade an den Teilen der Fläche, welche viel Bewegung haben, also an der Dreiecksspitze, wenig Fläche vorhanden ist.

Fig. 7.

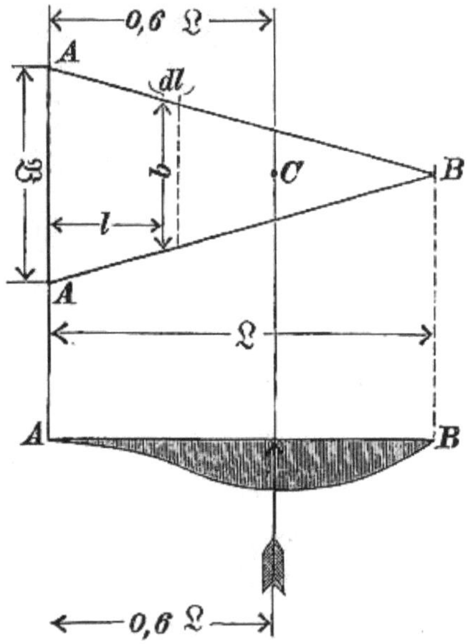

Fig. 8.

Der Beweis läßt sich mit Hülfe niederer Mathematik nicht erbringen und wäre in folgender Weise anzustellen:

Ist wieder ω die Winkelgeschwindigkeit, so hat der Streifen $b \times dl$ den Widerstand

$$0{,}13 \times b \times dl \times \omega 2 \times l2.$$

Da **L**
B = **L** - *l*
b oder *b* = **B**
L(**L** - *l*) = **B**(1 - *l*
L), so ist der Widerstand des Streifens

$$0{,}13 \times \mathbf{B} \times \omega 2(l2 \times dl - l3$$
$$\mathbf{L} \times dl).$$

Der Widerstand der ganzen Fläche beträgt

$$0{,}13 \times \mathbf{B} \times \omega^2 \int_0^{\mathbf{L}} \left(l^2 \times dl - \frac{l^3}{\mathbf{L}} \times dl\right) = 0{,}13 \times \mathbf{B} \times \omega^2 \left(\frac{\mathbf{L}^3}{3} - \frac{\mathbf{L}^3}{4}\right),$$

oder der Luftwiderstand

$$W = \frac{1}{12} \times 0{,}13 \times \mathbf{B} \times \omega^2 \times \mathbf{L}^3,$$

also 1/4 von dem Widerstand des Flügels mit gleichmäßiger Breite **B**. Der Luftwiderstand des Streifchens $b \times dl$ hat für die Drehachse das Moment $0{,}13 \times b \times dl \times \omega^2 \times l^3$. Hiernach entwickelt sich das ganze Moment

$$M = 0{,}13 \times \mathbf{B} \times \omega^2 \int_0^{\mathbf{L}} \left(l^3 \times dl - \frac{l^4}{\mathbf{L}} \times dl\right),$$

oder

$$M = \frac{1}{20} \times 0{,}13 \times \mathbf{B} \times \omega^2 \times \mathbf{L}^4.$$

Dividiert man dieses Moment durch die Kraft W, so erhält man den Hebelarm $\frac{M}{W} = 0{,}6\mathbf{L}$.

Das Centrum des Luftwiderstandes liegt mithin bei dreieckigen Flügeln um 0,6**L** von der Achse entfernt. Bildliche Darstellung der Verteilung des Luftwiderstandes giebt Fig. 8.

15. Der Angriffspunkt des Luftwiderstandes beim abwärts geschlagenen Vogelflügel.

Diese letzteren Berechnungen geben einen Anhalt für die Lage des Luftwiderstandscentrums unter dem Vogelflügel. Ein Vogelflügel, Fig. 9, ist nie so stumpf, daß er als Rechteck angesehen werden kann, er ist aber auch nie so spitz, daß er als Dreieck gelten kann. Beim rechteckigen oder gleichmäßig breiten Flügel von der Länge **L** liegt der Widerstandsmittelpunkt auf 0,75**L** und beim dreieckigen Flügel auf 0,60**L** von der Drehachse. Man wird daher nie weit fehlgreifen, wenn man beim einfach abwärts geschlagenen Vogelflügel den Mittelwert 0,66**L** annimmt und den Angriffspunkt des Luftwiderstandes auf 2/3 der Flügellänge von dem Schultergelenk bemißt.

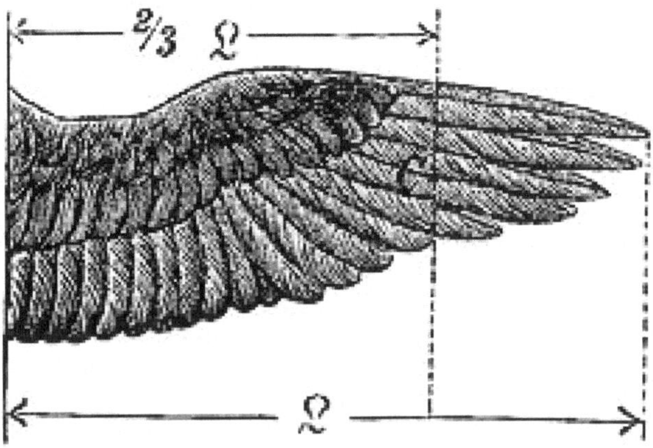

Fig. 9.

Hierbei muß aber die Drehbewegung des Flügels um das Schultergelenk die einzige Bewegung gegen die umgebende Luft sein. Wenn außerdem noch Vorwärtsbewegung herrschte, würde sich die Centrumslage, wie wir später sehen werden, bedeutend ändern. Diese Centrumslage auf 2/3**L** kann man daher nur benutzen, wenn man den sichtbaren Kraftaufwand bei Vögeln feststellen will, welche an einer Stelle der umgebenden Luft sich durch Flügelschläge schwebend erhalten.

Es ist noch besonders darauf hinzuweisen, daß der Angriffspunkt oder das Centrum des Luftwiderstandes bei einfach rotierenden Flügeln nicht derjenige Flügelpunkt ist, dessen Geschwindigkeit dem ganzen Flügel mitgeteilt, einen gleichwertigen Luftwiderstand giebt, wie die Rotation ihn hervorruft.

Die Kenntnis der Centrumslage hat nur Wert für die Bestimmung des Hebelarmes des Luftwiderstandes zur Berechnung der Festigkeitsbeanspruchung eines Flügels einerseits und andererseits für die Bestimmung der mechanischen Arbeit bei der entsprechenden Flügelbewegung.

Für den rechteckigen oder nur gleich breiten rotierenden Flügel, Fig. 4, wäre der gleichwertige Flügel, der in allen Teilen die Geschwindigkeit des Punktes *C* normal zur Fläche hätte, nur 16 27 so groß und für den Fall Fig. 7 dürfte man nur 100 206 der dreieckigen Fläche nehmen und mit der Geschwindigkeit des Punktes *C* bewegen, um denselben Luftwiderstand zu erhalten.

Für den Vogelflügel, der weder ein Rechteck noch ein Dreieck ist, liegt der Wert etwa in der Mitte dieser beiden Zahlen, von denen die eine etwas größer wie 1/2 und die andere etwas kleiner wie 1/2 ist, also etwa bei 1/2 selbst. Die halbe Vogelflügelfläche, mit der Geschwindigkeit des auf 2/3 der Flügellänge liegenden Centrums normal bewegt, würde also denselben Luftwiderstand an demselben Hebelarm geben, wie der einfach rotierende Flügel; immer wieder unter der Voraussetzung, daß keine Vorwärtsbewegung des fliegenden Körpers gegen die umgebende Luft stattfindet.

Diese Fälle gehören aber zu den minder wichtigen bei der Feststellung der Flugarbeit. Wir werden sehen, daß die Flugtechnik ihr Hauptaugenmerk auf ganz andere viel wichtigere Momente zu richten hat.

16. Vergrößerung des Luftwiderstandes durch Schlagbewegungen.

Es bleibt noch übrig, den für die Flugtechnik wichtigen Fall zu untersuchen, wo der Luftwiderstand, wie beim Flügelschlage, dadurch erzeugt wird, daß eine Fläche plötzlich aus der Ruhe in eine größere Geschwindigkeit versetzt wird.

Für eine solche Bewegungsart einer Fläche können die früher angestellten Betrachtungen keine Gültigkeit haben; denn für die Ausbildung einer gleichmäßigen Strömungs- und Wirbelerzeugung ist hier keine Zeit vorhanden. Ferner wird diejenige Luft, welche die Fläche bei ihrer gleichmäßigen Bewegung ganz oder teilweise begleitet, sich mit der ihr innewohnenden Massenträgheit der Bewegung widersetzen.

Überhaupt kann man diesen Fall so auffassen, daß die ganze Luft, welche die Fläche zu beiden Seiten umgiebt, durch ihr Beharrungsvermögen Widerstand leistet und nach plötzlich eingetretener Bewegung vor der Fläche eine Verdichtung und hinter der Fläche eine Verdünnung erfährt, welche zunächst der Fläche am stärksten auftreten und allmählich in die normale Spannung übergehen, aus welchen beiden Wirkungen sich der auf die Fläche ausgeübte Druck zusammensetzt. Auch für diesen Fall würde sich mit Hülfe der reinen Mechanik und Mathematik ein Annäherungswert berechnen lassen, wenn nicht eine neue Schwierigkeit dadurch entstände, daß die Geschwindigkeit, welche eine derartig plötzlich bewegte Fläche in jedem einzelnen Momente hat, eine andere ist und davon abhängt, daß erstlich die bewegte Fläche an sich eine Massenträgheit besitzt, und ferner die Veränderung des Luftwiderstandes selbst auf die Veränderung der Geschwindigkeit Einfluß hat, sobald die Bewegung durch eine treibende Kraft hervorgerufen wird.

Nicht weniger Schwierigkeiten wird es haben, bei derartigen Flügelschlagbewegungen den in jedem einzelnen Moment stattfindenden Luftdruck durch den praktischen Versuch zu ermitteln, denn es handelt sich hierbei um Wegstrecken, die in einem Bruchteil der Sekunde mit ungleicher Geschwindigkeit ausgeführt werden.

Aber Eins läßt sich wenigstens durch den Versuch ermitteln. Man kann für gewisse Fälle den Durchschnittswert an Luftwiderstand feststellen, den eine Flächenbewegung erzeugt, ähnlich der Flügelschlagbewegung des Vogels; und obwohl die jeweilige Größe des Luftwiderstandes in den einzelnen Phasen der Bewegung nicht leicht gemessen werden kann, so läßt sich doch die summarische Hebewirkung beim Flügelschlag experimentell bestimmen.

In den Jahren 1867 und 1868 sind von uns Versuche über die Größe des Luftwiderstandes bei der Flügelschlagbewegung angestellt, und diese haben ergeben, daß in der That durch die Schlagbewegung ein ganz anderer Luftwiderstand entsteht, als durch die gleichmäßige Geschwindigkeit einer Fläche.

Wenn eine Fläche flügelschlagartig bewegt wird mit einer gewissen Durchschnittsgeschwindigkeit, so kann der 9fache, ja, sogar ein 25mal größerer Luftwiderstand entstehen, als wenn dieselbe Fläche mit derselben gleichmäßigen Geschwindigkeit durch die Luft geführt wird.

Um bei der Flügelschlagbewegung also denselben Luftwiderstand zu erhalten als bei gleichmäßiger Bewegung, braucht die Durchschnittsgeschwindigkeit des Flügelschlags nur den dritten bis fünften Teil der entsprechenden gleichmäßigen Geschwindigkeit betragen.

Wenn mithin eine gewisse, von einer Fläche mit gleichmäßiger Geschwindigkeit zurückgelegte Wegstrecke auf einzelne Flügelschläge verteilt wird, so kann im letzteren Falle für das Zurücklegen dieser Strecke die drei- bis fünffache Zeit verwendet werden, um durchschnittlich denselben Luftwiderstand zu erhalten; die Fläche kann also drei- bis fünfmal so langsam bewegt werden, wenn die Bewegung in einzelnen Schlägen geschieht.

Zur Überwindung des so erzeugten Luftwiderstandes ist daher nur eine sekundliche Arbeit erforderlich, welche den dritten bis fünften Teil von derjenigen beträgt, die man aufwenden muß, um die Fläche mit gleichmäßiger Geschwindigkeit durch die Luft zu bewegen, wobei derselbe Luftwiderstand entstehen soll.

Diese Schlagbewegungen würden hiernach ein Mittel an die Hand geben, die Arbeitsgeschwindigkeit zur Überwindung des hebenden Luftwiderstandes beim Fliegen und somit im allgemeinen den Kraftaufwand beim Fliegen bedeutend zu verkleinern gegenüber dem Fall, wo man genötigt wäre, die Flugarbeit aus der gleichmäßigen Abwärtsbewegung von Flugflächen zu berechnen.

Der Nutzen der Schlagbewegungen kommt offenbar allen Vögeln zu gut, wenn sie sich in ruhiger Luft von der Erde erheben oder durch starke Flügelschläge an derselben Stelle der Luft zu halten suchen.

Ohne diese Arbeitskraft ersparenden Eigenschaften der Flügelschlagbewegung wären viele Leistungen der Vögel eigentlich gar nicht zu verstehen.

Die Flugmethode der Vögel und anderer fliegender Tiere besitzt gerade dadurch einen großen Vorteil, daß ihre Flugorgane durch die hin- und hergehende Schlagbewegung die Trägheit der Luft gründlich ausnützen, bedeutend mehr, als dieses der Fall sein würde, wenn an die Stelle der Schlagbewegungen gleichmäßige Bewegungen träten. Wir haben also hierin einen Vorteil zu erkennen, welcher dem Princip des Vogelfluges anhaftet und welcher fortfällt, wenn das Princip des Vogelfluges nicht benutzt wird, wie z. B. bei Anwendung von rotierenden Schraubenflügeln, die unter allen Umständen mehr Kraft verbrauchen, als der geschlagene Vogelflügel. Daß aber dieser Vorteil des Flügelschlages kein Privilegium der Vogelwelt und der fliegenden Tiere überhaupt ist, wird durch folgendes Experiment erläutert.

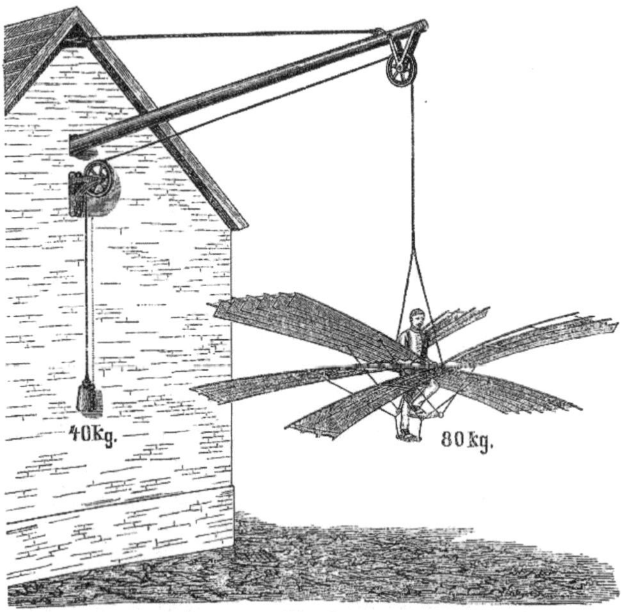

Fig. 10.

Wir hatten uns einen Apparat, Fig. 10, hergestellt, welcher aus einem doppelten Flügelsystem bestand. Ein mittleres breiteres Flügelpaar, sowie ein schmaleres vorderes und hinteres Flügelpaar waren um eine horizontale Achse drehbar und standen so in Verbindung, daß jeder Flügel einer Seite sich hob, wenn der zugehörige der anderen Seite sich senkte, und umgekehrt. Da die beiden schmalen Flügel zusammen so breit waren, wie der mittlere breitere, so entstand auf jeder Seite gleichzeitig die gleiche Tragefläche. Beim Heben der Flügel öffneten sich Ventile, welche die Luft hindurchließen. Durch abwechselndes Ausstoßen der Füße ging immer die Hälfte der Flugfläche abwärts, während die andere Hälfte mit wenig Widerstand sich hob, wie aus der Figur ersichtlich. Der Apparat war an einem Seil, das über Rollen ging, aufgehängt und war durch ein Gegengewicht im Gleichgewicht gehalten.

Durch Auf- und Niederschlagen der Flügel konnte natürlich eine Hebung erfolgen, sobald das Gegengewicht nur schwer genug war.

Diese Vorrichtung erlaubte nun eine Messung, wieviel die Hebung durch Anwendung eines solchen Apparates, der durch Menschenkraft bewegt wird, betragen kann, und wie groß sich dabei der durch Flügelschläge erzielte Luftwiderstand einstellt.

Durch geringe Übung gelang es uns, auf diese Weise unser halbes Gesamtgewicht zu heben, so daß, während eine Person mit dem Apparat 80 kg wog, ein 40 kg schweres Gegengewicht nötig war, um noch eine Hebung zu ermöglichen. Die erforderliche Anstrengung war hierbei jedoch so groß, daß man sich nur wenige Sekunden in gehobener Stellung halten konnte. Die Größe der Flügel jedes Systems, das heißt die jederzeit tragende Fläche betrug 8 qm. Die aufgewendete Arbeitsleistung schätzten wir auf 70-75 kgm; denn eine vergleichsweise Kraftleistung beim schnellen Ersteigen einer Treppe ergab dasselbe Resultat. Jeder Fuß wurde ungefähr mit einer Kraft von 120 kg ausgestoßen und zwar auf der Strecke von 0,3 m bei 2 Tritten in 1 Sekunde, was eine Arbeit von 2 × 0,3 × 120 = 72 kgm ergiebt.

Der Ausschlag des Angriffspunktes für den Luftwiderstand mußte bei diesem Apparat etwa 0,75 m betragen. Die Kraft des Fußdrucks reduzierte sich also auf 0,3
0,75 × 120 = 48 kg und von diesen 48 kg mögen ungefähr 4 kg zum Heben der Flügel mit geöffneten Ventilen angewendet sein, während der Rest von 44 kg zum Herunterdrücken der Flügel beansprucht wurde. Die Differenz dieser Drucke 44 - 4 = 40 kg stellte dann die eigentliche Hubkraft dar, die auch gemessen wurde.

Das Centrum des Luftwiderstandes der 8 qm großen Fläche legte ungefähr den Weg von 0,75 m in 1/2 Sekunde zurück, seine mittlere sekundliche Geschwindigkeit betrug daher 1,5 m. Auf diese Weise hat also die 8 qm große Fläche bei der Flügelschlagbewegung, deren mittlere Geschwindigkeit 1,5 m betrug, 40 kg Luftwiderstand gegeben; und zwar schon nach Abzug des Widerstandes, den die Hebung der Flügel verursachte.

Wenn dieselbe Fläche mit 1,5 m Geschwindigkeit gleichmäßig bewegt würde, so entstände ein Luftwiderstand = 0,13 × 8 × 1,52 = 2,34 kg, aber mit Rücksicht darauf, daß der Flügel vermöge seiner Drehung um eine Achse in einzelnen Teilen verschiedene Geschwindigkeiten hat, würde (die Flügel waren an den Enden breiter) nur ein Luftwiderstand von etwa 1,6 kg entstehen, und dies ist nur der 25ste Teil Luftwiderstandes, der sich bei der oscillatorischen Schlagbewegung wirklich ergab. Um bei gleichmäßiger Drehbewegung der Flügel auch 40 kg Luftwiderstand zu schaffen, müßte die Geschwindigkeit im Centrum 5mal so groß, also 5 × 1,5 = 7,5 m sein. Wenn auf diese Weise der hebende Luftwiderstand von 40 kg gewonnen werden sollte, wäre eine 5mal so große Arbeit erforderlich, als bei der Flügelschlagbewegung nötig gewesen ist.

Dieses Beispiel zeigt, daß die Arbeit, welche von den Vögeln geleistet wird, wenn dieselben gegen die umgebende Luft keine Geschwindigkeit haben und nur durch Flügelschläge schwebend sich halten, bedeutend überschätzt wird, und daß die Kraftleistung etwa nur den fünften Teil von derjenigen beträgt, die nach der gewöhnlichen Luftwiderstandsformel: **L** = 0,13 × *F* × *c*2 berechnet wird.

Was die Ausführung des Apparates, Fig. 10, anlangt, so waren die Flügelrippen aus Weidenruten, die übrigen Gestellteile aus Pappelholz gemacht. Die Ventilklappen waren aus Tüll gefertigt, durch den kleine Querrippen aus 2-3 mm starken Weidenruten in Entfernungen von cirka 60 mm hindurchgesteckt waren, um die nötige Festigkeit zu geben. Darauf war jede Ventilklappe ganz mit Kollodiumlösung bestrichen, welche in allen Tüllmaschen Blasen bildete, die dann zu einem dichten Häutchen erstarrten.

Auf diese Weise erhielten wir eine sehr leichte, dichte und gegen Feuchtigkeit wenig empfindliche Flächenfüllung.

Es ist noch zu bemerken, daß wir vorher noch einen anderen Apparat zu demselben Zweck hergestellt hatten, der sich dadurch unterschied, daß nur ein Flügelsystem mit 2 Flügeln vorhanden war, das durch gleichzeitiges Ausstoßen beider Füße herabgeschlagen und durch Anziehen der Füße sowohl, wie mit den Händen wieder gehoben wurde.

Die Leistung mit diesem früher ausgeführten Apparat war eine wesentlich geringere, als die mit dem Apparat, Fig. 10, erzielte, weil es für den Organismus des Menschen offenbar unnatürlich ist, die Beinkraft durch gleichzeitiges Ausstoßen beider Füße zu verwerten, gegenüber der Tretbewegung mit abwechselnden Füßen.

Um eine allgemein gültige Formel für jeden Fall der Flügelschlagbewegung aufzustellen, fehlt es an der ausreichenden Zahl von verschiedenen Versuchen; denn die Zahl der Flügelschläge, die Größe des Flügelausschlages und die Form der Flügel hat offenbar Einfluß auf den Koefficienten einer solchen Formel, der vermutlich sogar in höherem Grade mit der Fläche wächst.

Zu dieser Annahme wurden wir veranlaßt, als wir fanden, daß beim Experimentieren mit kleineren Flächen nur etwa die 9fache Vergrößerung des Luftwiderstandes durch Schlagbewegungen entsteht.

Bei diesen Versuchen, wo die Flächen etwa 1/10 qm betrugen, wurde ein Apparat, wie ihn Fig. 11 darstellt, angewendet.

Es ist hier ohne weiteres ersichtlich, wie durch ein Gewicht *G* die Flügelarme mit den Flächen dadurch in Bewegung gesetzt wurden, daß eine Rolle *R* mit einer Kurbel *K* sich drehte und den Endpunkt *P* der Hebel *A* und *B* hob und senkte. Bei *P* war ein Gegengewicht angebracht, welches die Gewichte der Arme *A* und *B*, und der Flächen *F*, *F* ausbalanzierte. Während das Gewicht *G* abwärts sank, machten die Flügel eine Reihe von Auf- und Niederschlägen in der Größe von *ab*, zu deren Ausführung eine ganz bestimmte mechanische Arbeit erforderlich ist, welche in diesem Falle ganz genau gemessen werden kann, indem man das Gewicht *G* kg mit seiner Fallhöhe *h* m multipliziert und das Produkt *G* × *h* kgm erhält.

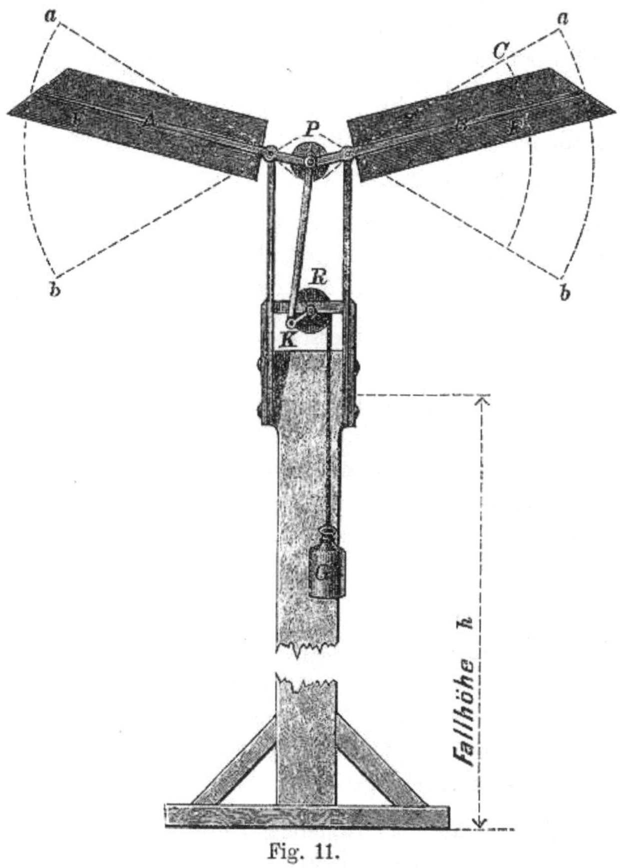

Fig. 11.

Diese Arbeit ist aber nicht allein zur Überwindung des erzeugten Luftwiderstandes verwendet, sondern sie wurde teilweise auch dazu verbraucht, die Massen des ganzen Mechanismus in hin- und hergehende Bewegung zu versetzen, sowie die allerdings geringen Reibungen zu überwinden.

Die Arbeit, welche zur Massenbewegung nötig ist, und annähernd auch die Reibung kann man aber leicht aus dieser Gesamtarbeit $G \times h$ herausziehen. Man braucht nur die ganzen Verhältnisse ebenso zu gestalten mit Ausscheidung des Luftwiderstandes. Zu diesem Zweck hatten wir die Flügel F abnehmbar gemacht und nach Entfernung derselben schmale Leisten unter den Armen A und B befestigt, die ebensoviel wogen wie die Flügel F, und deren Schwerpunkt an demselben Hebelarm lag, während sie für die Drehachse dasselbe Trägheitsmoment besaßen.

Wenn der Apparat nun in derselben Zeit dieselbe Zahl von Flügelschlägen machen sollte, nachdem der größte Teil des Luftwiderstandes eliminiert war, so war ein kleineres Gewicht g als Triebkraft erforderlich, das sich leicht durch einige Proben finden ließ.

Hiernach hat das Gewicht $G - g$ annähernd zur Überwindung des Luftwiderstandes allein gedient, während $(G - g) \times h$ die vom Luftwiderstand aufgezehrte Arbeit betrug.

Wenn man jetzt den Weg kennt, auf welchem der Luftwiderstand zu überwinden war, so findet man auch den Luftwiderstand selbst, indem man die Arbeit $(G - g) \times h$ durch diesen Weg dividiert.

Da das Centrum des Luftwiderstandes nach Früherem auf 3/4 der Flügellänge von der Drehachse entfernt liegen muß, kann man einfach ausmessen, welchen Weg die Flügel an dieser Stelle zurücklegten, während das Gewicht die Höhe h durchfiel. Ist dieser Weg gleich w, so ist der Luftwiderstand im Durchschnitt $(G - g) \times h$ w. Auf diese Weise läßt sich also der mittlere Luftwiderstand bei Flügelschlagbewegungen annähernd messen.

Nun gilt es aber, den Vergleich zu stellen für denjenigen Fall, wo von den Flügeln der Weg w mit gleichmäßiger Geschwindigkeit in derselben Zeit bei Drehung nach einer Richtung zurückgelegt wird. Dieser Luftwiderstand ist aber nach dem Abschnitt über die Widerstände bei Drehbewegung leicht zu bestimmen. Man erhält hierdurch eben eine Vergrößerung des Widerstandes durch Schlagbewegungen um das 9fache gegenüber dem Widerstand, den die gleichmäßige Bewegung ergiebt.

Wenn z. B. die beiden Versuchsflächen 20 cm breit und 30 cm lang waren, dann wurde an dem beschriebenen Versuchsapparate nach Fig. 11 $G = 2{,}5$ kg und $g = 0{,}5$ kg, während beide Male in 6 Sekunden die 1,8 m große Fallhöhe zurückgelegt wurde. Die Flügel machten dabei 25 Doppelhübe und der Endpunkt beschrieb einen Bogen ab von 32 cm Länge. Das Centrum C legte einen Bogen von $3/4 \times 32$ cm = 24 cm in 6 Sekunden $2 \times 25 = 50$mal zurück, also im ganzen den Weg von 24×50 cm = 12 m.

Der Weg des Luftwiderstandes war also 12 m. Die Arbeit des Luftwiderstandes $(G - g)h$ war (2,5 - 0,5) × 1,8 = 3,6 kgm. Der Luftwiderstand selbst hatte die Größe 3,6
12 = 0,3 kg.

Wenn man anderseits die Flügel einfach rotieren läßt, wobei ihr Centrum ebenfalls in 6 Sekunden den Weg von 12 m zurücklegt, so ergiebt sich ein anderer Luftwiderstand, der auch berechnet werden soll. Dieser Widerstand ist nach Früherem 1/3 von demjenigen, welcher sich bildet, wenn die Flächen mit der Geschwindigkeit der Endkanten normal bewegt werden. Die Flächen sind zusammen 2 × 0,2 × 0,3 = 0,12 qm und nach Abzug der Armbreiten von A und B 0,11 qm. Die Endkanten haben 4/3 × 2 = 8
3 m Geschwindigkeit. Der Luftwiderstand beträgt daher

0,13 × 0,11 × (8
3)2
3 = 0,033 kg

gegen 0,3 kg, der durch Schlagbewegungen entsteht. Das Verhältnis ist 0,3
0,033 = 9.

Bei dem letzterwähnten Versuch war die Fläche F geschlossen gedacht, sie gab daher nach oben denselben Widerstand wie nach unten. Wenn man Flächen anwendet, welche sich ventilartig beim Aufschlag öffnen, so wird der Widerstand entsprechend nach oben geringer und der gemessene Gesamtwiderstand wird sich ungleich auf Hebung und Senkung der Flächen verteilen. Auch in diesem Fall findet man einen ähnlichen Einfluß der Schlagwirkung, der bei kleineren Flächen von 1/10 qm den Luftwiderstand um etwa das 9fache vermehrt.

Wenn hierdurch nachgewiesen wird, wie die Schlagwirkung im allgemeinen auf den Luftwiderstand einwirkt, so kann man daraus noch nicht ganz direkt auf den Luftwiderstand der wirklich vom Vogel ausgeführten Flügelschläge schließen; denn es ist kaum anzunehmen, daß die Bewegungsphasen, die beim Vogelflügel der Muskel hervorruft, genau so sind, wie bei den Flügeln am beschriebenen Apparate, wo die Schwerkraft treibend wirkte. Immerhin aber wird auch dort der Grundzug der Erscheinung derjenige sein, daß der Flügelschlag in hohem Grade kraftersparend wirkt, indem er den Luftwiderstand stark vermehrt und dadurch die Arbeit verringert, weil nur geringere Flügel-Geschwindigkeit erforderlich ist.

Die Vögel selbst aber geben uns Gelegenheit, zu berechnen, daß der Nutzen ihrer Flügelschläge in der That noch erheblich größer ist, als man durch den zuletzt beschriebenen Apparat ermitteln kann.

Auch hierfür soll noch ein Beispiel zur Bestätigung dienen.

Eine Taube von 0,35 kg Gewicht hat eine gesamte Flügelfläche von 0,06 qm und schlägt in einer Sekunde 6mal mit den Flügeln auf und nieder, während der Ausschlag des Luftdruckcentrums etwa 25 cm beträgt, wenn die Taube ohne wesentliche Vorwärtsbewegung bei Windstille fliegt. Da die Taube zum eigentlichen Heben ungefähr nur die halbe Zeit verwendet, muß sie beim Niederschlagen der Flügel einen Luftwiderstand gleich ihrem doppelten Gewicht hervorrufen, also 0,7 kg.

Ein Flügelniederschlag dauert 1/12 Sekunde und beträgt im Centrum 0,25 cm, hat also 12 × 0,25 = 3 m mittlere Geschwindigkeit.

Bei gleichmäßiger Bewegung mit der Geschwindigkeit des Centrums, wobei jedoch nach Abschnitt 15 nur die halbe Flügelfläche gerechnet werden darf, gäben die Taubenflügel einen hebenden Luftwiderstand

$$L = 0{,}13 \times 0{,}06$$
$$2 \times 32 = 0{,}035 \text{ kg},$$

während in Wirklichkeit 0,7 kg erzeugt werden, da die Taube unter den beobachteten Verhältnissen wirklich fliegt. Es tritt hier durch die Schlagbewegung also eine Luftwiderstandsvergrößerung von 0,035 auf 0,7 oder um das 20fache ein. Will man dies durch eine Formel ausdrücken, so wird man nicht weit fehlgreifen, wenn man bei Vogelflügeln die ganze Fläche rechnet, die mit der Geschwindigkeit v des auf 2/3 der Flügellänge liegenden Centrums den Luftwiderstand

$$L = 10 \times 0{,}13 \times F \times v2$$

giebt. Diese Formel entspricht aber der 20fachen Vergrößerung des Luftwiderstandes; denn es dürfte eigentlich nach Abschnitt 15 nur F 2 gerechnet werden.

Wie außerordentlich der Luftwiderstand bei der Schlagbewegung wächst, kann man verspüren, wenn man einen gewöhnlichen Fächer einmal schnell hin und her schlägt und das andere Mal mit der gleichen, aber auch gleichmäßigen Geschwindigkeit nach derselben Richtung bewegt. Noch deutlicher wird dieser Unterschied fühlbar, wenn man größere leicht gebaute Flächen diesen verschiedenen Bewegungen mit der Hand aussetzt. Hier, wo man durch die Trägheit der eigenen Handmasse nicht so leicht getäuscht werden kann, wird man durch diese Erscheinungen geradezu überrascht. Man fühlt hierbei auch schon bei geringeren Geschwindigkeiten die Luft so deutlich, wie sie sich uns sonst nur im Sturme fühlbar macht.

17. Kraftersparnis durch schnellere Flügelhebung.

Es ist nicht ohne Einfluß auf den zum Fliegen erforderlichen Kraftaufwand, wie ein Vogel das Zeitverhältnis zwischen dem Auf- und Niederschlag der Flügel einteilt.

Diese Zeiteinteilung hat Einwirkung auf die Größe des zur Hebung erforderlichen Luftwiderstandes, also auf den Arbeitswiderstand und dadurch wiederum auf die Flügelgeschwindigkeit. Beide werden um so kleiner, je mehr von der vorhandenen Zeit auf den Niederschlag verwendet wird, also je schneller der Aufschlag erfolgt. Da aber als Arbeit erfordernd im wesentlichen nur die Zeit des Niederschlages zu berücksichtigen ist, so nimmt das Pauschquantum der Flugarbeit andererseits um so mehr ab, je weniger von der ganzen Flugzeit zum Niederschlag dient.

Der geringste Arbeitswiderstand und die geringste absolute Flügelgeschwindigkeit sind erforderlich, wenn die Flügelhebung ohne Zeitaufwand vor sich gehen kann. Der hebende Luftwiderstand beim Flügelniederschlag braucht dann nur gleich dem Vogelgewicht G sein, dieser muß dann aber auch während der ganzen Flugdauer überwunden werden, und die Geschwindigkeit des Luftwiderstandscentrums kommt für die Berechnung der Arbeit ganz und voll in Betracht. Ist diese Geschwindigkeit v, so hat man die Arbeit $G \times v$, welche für die ferneren Vergleiche mit **A** bezeichnet werden möge.

Wenn Auf- und Niederschlag der Flügel gleich schnell geschehen, müssen die Flügel den Luftwiderstand $2G$ hervorrufen, aber sie wirken dafür nur während der halben Flugzeit, weshalb diese beiden Faktoren für die Arbeitsbestimmung sich heben. Um aber den Luftwiderstand $2G$ zu erzeugen, muß die Flügelgeschwindigkeit um $\sqrt{2}$ wachsen, und das vergrößert auch die Arbeit auf $\sqrt{2} \times \mathbf{A} = 1{,}41\mathbf{A}$.

Würde ein Vogel die Flügel schneller herunterschlagen als herauf, etwa zweimal so schnell, so würde von der Zeit eines Doppelschlages 1/3 zum Niederschlag und 2/3 zum Aufschlag verwendet werden.

Beim Niederschlag wirkt ein hebender Luftwiderstand L, vermindert um das Vogelgewicht G, also $L - G$ auf die Vogelmasse, und diese Kraft wirkt nur halb so lange wie das Gewicht G beim Aufschlag.

Die Masse des Vogels steht also unter dem Einfluß zweier abwechselnd wirkenden und entgegengesetzt gerichteten Kräfte, von denen die niederdrückende Kraft doppelt so lange wirkt als die hebende.

Soll der Vogel gehoben bleiben, so muß sein Körper um einen Punkt auf und nieder schwingen und diesen Punkt einmal steigend, einmal fallend mit derselben Geschwindigkeit passieren. In dem Moment, wo dieser Punkt passiert wird, setzen die wirksamen Kräfte abwechselnd ein, und die summarische Ortsveränderung wird Null werden, wenn jede Kraft imstande ist, die einmal aufwärts und das andere Mal abwärts gerichtete Geschwindigkeit aufzuzehren und in ihr genaues Gegenteil umzuwandeln. Dies kann aber nur eintreten, wenn die Kräfte Beschleunigungen hervorrufen, welche umgekehrt proportional ihrer Wirkungsdauer sind, oder wenn die Kräfte selbst sich umgekehrt zu einander verhalten wie die Zeiten ihrer Wirkung.

In diesem Falle muß also die hebende Kraft $L - G$, welche während des kurzen Niederschlages auftritt, doppelt so stark sein als das beim Aufschlag allein auf den Vogel wirkende Eigengewicht G. Da mithin $L - G = 2G$ ist, so ergiebt sich $L = 3G$.

Die abwärts gerichtete Geschwindigkeit der Flügel muß daher $\sqrt{3}$ mal so groß sein, als wenn $L = G$ wäre, wie bei solchen Fällen, wo die ganze Flugzeit zu Niederschlägen ausgenützt werden kann. Die Arbeit verursachende Geschwindigkeit wirkt hier aber nur in 1/3 der ganzen Zeit, mithin treten zu der Arbeit **A** jetzt die Faktoren $3 \times \sqrt{3} \times 1/3$ hinzu, was die Arbeit 1,73**A** giebt.

Man sieht hieraus, daß ein schnelles Herunterschlagen und langsames Aufschlagen der Flügel mit Arbeitsverschwendung verbunden ist, und daß die Flügel unnötig stark sein müssen, weil von größerer Kraft beansprucht.

Nach Vorstehendem kann man nun leicht das allgemeine Gesetz für den Einfluß der Zeiteinteilung zwischen Auf- und Niederschlag auf die Flugarbeit ermitteln. Wenn die Niederschläge $1/n$ der Flugzeit beanspruchen, so wird die Flugarbeit

$$A = n \times \sqrt{n} \times 1$$
$$n\mathbf{A} \text{ oder } A = \sqrt{n} \times \mathbf{A}.$$

Hiernach kann man nun für jede Größe von $1/n$ das Arbeitsverhältnis berechnen.

Fig. 12 enthält die Faktoren von **A** für die verschiedenen Werte von $1/n$ und den Verlauf einer Kurve, welche die Verhältnisse dieser Arbeiten zu einander versinnbildlicht.

Man sieht, daß das so entwickelte Arbeitsverhältnis um so günstiger wird, je mehr Zeit von der Flugdauer zum Niederschlagen der Flügel verwendet wird oder je schneller die Flügel gehoben werden.

Zur Beurteilung der zum Fliegen erforderlichen Gesamtarbeit treten aber noch andere Faktoren hinzu, welche auch berücksichtigt werden müssen, um zu erkennen, welchen Einfluß die Zeiteinteilung für Auf- und Niederschlagen der Flügel auf die Flugarbeit in Wirklichkeit hat.

Zunächst ist zu berücksichtigen, daß eine vorteilhafte Flügelhebung, welche doch mit möglichst wenig Widerstand verbunden sein soll, nur eintreten kann, wenn dieselbe nicht allzu rapide vor sich geht. Ferner ist zu bedenken, daß die Arbeit zur Überwindung der Massenträgheit der Flügel am geringsten ist, wenn Auf- und Niederschlag gleich schnell erfolgen.

Diese beiden Faktoren vermehren also die zum Fliegen erforderliche Anstrengung, wenn der Aufschlag der Flügel schneller erfolgt als der Niederschlag. Immerhin ist aber anzunehmen, daß der Hauptfaktor der Flugarbeit, die Anstrengung, welche der Luftwiderstand beim Niederschlag verursacht, mehr berücksichtigt werden muß, und daß für die Flügelsenkungen wenigstens etwas mehr als die halbe Flugzeit in Anspruch genommen werden muß, wenn das Minimum der Flugarbeit sich einstellen soll.

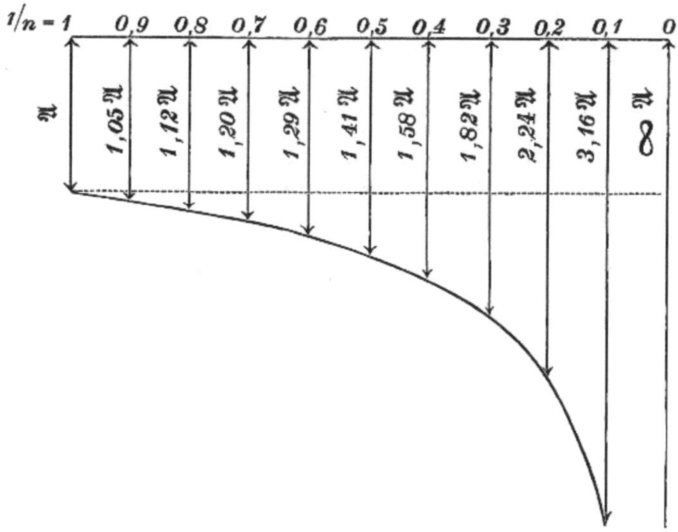

Fig. 12.

Ein Wert von $1/n$, welcher den Anforderungen am besten entsprechen dürfte, wäre etwa gleich 0,6. Es würde dann die Zeit des Aufschlages zur Zeit des Niederschlages sich verhalten wie 2:3. Die bei gleich schnellem Heben und Senken der Flügel erforderliche Arbeit von 1,41**A** würde dadurch auf 1,29**A** vermindert.

Wenn diese Kraftersparnis nun auch nicht sehr erheblich ist, so kann man dennoch bei dem Fluge vieler Vögel bemerken, daß die Flügel schneller gehoben als gesenkt werden. Alle größeren Vögel mit langsamerem Flügelschlag zeigen diese Eigentümlichkeit. Besonders aber zeichnet sich die

Krähe dadurch aus, daß sie zuweilen sehr beträchtliche, auffallend leicht erkennbare Beschleunigung der Flügelhebung gepaart mit langsamer Flügelsenkung anwendet.

18. Der Kraftaufwand beim Fliegen auf der Stelle.

Solange beim Fliegen die Flügel nur auf- und niederschlagen in der sie umgebenden Luft, also kein Vorwärtsfliegen gegen die Luft stattfindet, welches der Kürze wegen mit „Fliegen auf der Stelle“ bezeichnet werden möge, giebt das vorstehende Rechnungsmaterial einen ungefähren Anhalt für die Größe der bei diesem Fliegen erforderlichen Arbeit.

Die Anstrengung zur Massenbewegung der Flügel kann man vernachlässigen, weil die Flügel gerade an ihren schnell bewegten Enden nur aus Federn bestehen. Ebenso sei zunächst der Luftwiderstand vernachlässigt, welcher beim Heben der Flügel entsteht.

Bei vorteilhafter Flügelschlageinteilung, wenn also etwas schneller aufwärts als abwärts geschlagen wird, kann man dann nach dem vorigen Abschnitt für das Fliegen auf der Stelle den Kraftaufwand $A = 1{,}29\mathbf{A}$ annehmen, wobei $\mathbf{A} = G \times v$ ist, und v sich nach der Gleichung: $L = 10 \times 0{,}13 \times F \times v2$ des Abschnittes 16 jetzt aus der Gleichung: $G = 10 \times 0{,}13 \times F \times v2$ bestimmt.

Hierin ist bereits die pendelartige Bewegung der Flügel berücksichtigt, und es folgt

$$v = 0{,}85 \times \sqrt{G}$$
$$F.$$

Durch Einsetzen dieses Wertes erhält man $\mathbf{A} = G \times 0{,}85 \times \sqrt{G}$
F und $A = 1{,}29 \times G \times 0{,}85 \times \sqrt{G}$
F oder $A = 1{,}1 \times G \times \sqrt{G}$
F.

G
F wird einen für die einzelnen Vogelarten annähernd sich gleich bleibenden Wert vorstellen. Bei vielen großen Vögeln z. B. ist G
F ungefähr gleich 9, d. h. ein Vogel von 9 kg Gewicht (australischer Kranich) hat etwa 1 qm Flügelfläche. $\sqrt{G}$
F ist dann gleich 3 und $A = 1{,}1 \times G \times 3$ oder

$$A = 3{,}3 \times G.$$

Bei kleineren Vögeln (Sperling u. s. w.) ist G
F vielfach gleich 4 und $\sqrt{G}$
$F = 2$, mithin $A = 2{,}2 \times G$.

Diesen Formeln entsprechend findet man durchgehend, daß den kleineren Vögeln das Fliegen auf der Stelle leichter wird als den größeren

Vögeln, weil kleinere Vögel im Verhältnis zu ihrem Gewicht größere Flügel haben.

Den meisten größeren Vögeln ist das Fliegen auf der Stelle sogar unmöglich und das Auffliegen in windstiller Luft sehr erschwert, weshalb viele von ihnen vor dem Auffliegen vorwärts laufen oder hüpfen.

Man bemerkt bei den Vögeln, welche wirklich bei Windstille an derselben Stelle der Luft sich halten können, daß ihr Körper eine sehr schräge nach hinten geneigte Lage einnimmt, und daß die Flügelschläge nicht nach unten und oben, sondern zum Teil nach vorn und hinten erfolgen. An Tauben kann man dieses sehr deutlich beobachten. Die Flügel derselben machen hierbei so starke Drehungen, daß es scheint, als ob der Aufschlag oder, hier besser gesagt, der Rückschlag zur Hebung mitwirke.

Diese Ausführung der Flügelschläge ist nötig, um die gewöhnliche Zugkraft der Flügel nach vorn aufzuheben. Es ist aber wahrscheinlich, daß die Hebewirkung dadurch stark begünstigt wird, und daß für kleinere Vögel, von denen das Fliegen auf der Stelle mit Hülfe dieser Manipulation ausgeführt wird, sich die als Arbeitsmaß bei diesem Fliegen dienende Formel wohl auf $A = 1{,}5G$ abrunden läßt. Die Arbeit eines auf der Stelle fliegenden Vogels beträgt hiernach wenigstens 1,5mal so viel Kilogrammmeter als der Vogel Kilogramm wiegt.

Ein Vogel, der das Fliegen auf der Stelle ganz besonders liebt, ist die Lerche. Diese steigt aber meist recht hoch in die Luft empor und findet dort auch wohl gewöhnlich so viel Wind, daß bei ihr von einem eigentlichen Fliegen auf der Stelle der umgebenden Luft nicht die Rede ist, sie also auch weniger Arbeit gebraucht, als die Formeln für letzteres angeben.

Würde der Mensch es verstehen, alle diese vorher abgeleiteten Vorteile sich auch nutzbar zu machen, so läge für ihn die Grenze des denkbar kleinsten Arbeitsaufwandes beim Fliegen auf der Stelle etwas über 1,5 Pferdekraft; denn mit einem Apparat, der gegen 20 qm Flugfläche besitzen müßte, um den Faktor $\frac{G}{F} = 4$ zu erhalten, würde das Gesamtgewicht stets über 80 kg betragen, also über 120 kgm sekundliche Arbeit erforderlich sein. An eine Überwindung dieser Arbeit mit Hülfe der physischen Kraft des Menschen auch für kürzere Zeit ist natürlich nicht zu denken. Es liegt aber auch weniger Interesse vor, das Fliegen auf der Stelle für den Menschen nutzbar zu machen, wenigstens würde man gern darauf verzichten, wenn man dafür nur um so besser vorwärts fliegen könnte.

19. Der Luftwiderstand der ebenen Fläche bei schräger Bewegung.

Sobald ein Vogel vorwärts fliegt, machen seine Flügel keine senkrechten Bewegungen mehr, sondern die Flügelschläge vereinigen sich mit der Vorwärtsbewegung und beschreiben schräg liegende Bahnen in der Luft, wobei die Flügelflächen selbst in schräger Richtung auf die Luft treffen.

Ein Flügelquerschnitt *ab*, Fig. 13, welcher durch den einfachen Niederschlag nach *a*1*b*1 gelangt, würde durch gleichzeitiges Vorwärtsfliegen beispielsweise nach *a*2*b*2 kommen. Selbstverständlich ändern sich dadurch die Luftwiderstandsverhältnisse, und es ist klar, daß dies auch nicht ohne Einfluß auf die Flugarbeit bleibt.

Um hierüber ein Urteil zu gewinnen, muß man den Luftwiderstand der ebenen Fläche bei schräger Bewegung kennen, und da das Vorwärtsfliegen der eigentliche Zweck des Fliegens ist, so haben die hierbei auftretenden Luftwiderstandserscheinungen eine erhöhte Wichtigkeit für die Flugtechnik.

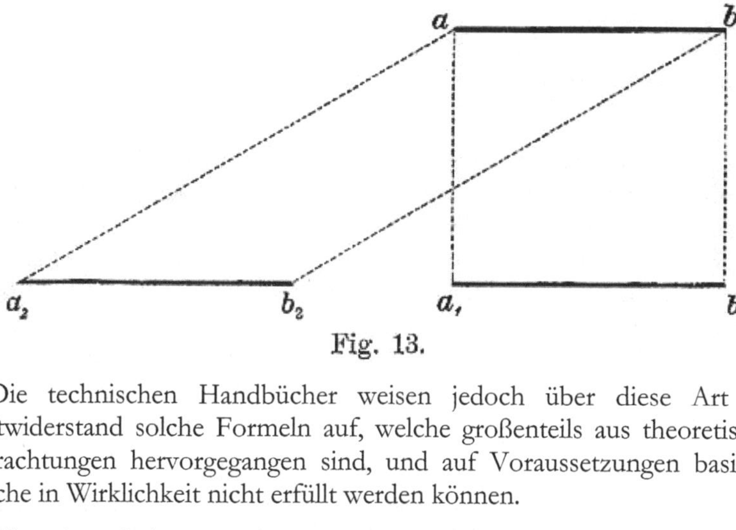

Fig. 13.

Die technischen Handbücher weisen jedoch über diese Art von Luftwiderstand solche Formeln auf, welche großenteils aus theoretischen Betrachtungen hervorgegangen sind, und auf Voraussetzungen basieren, welche in Wirklichkeit nicht erfüllt werden können.

Wie schon früher angedeutet, war dieser Mangel für die gewöhnlichen Bedürfnisse der Technik nicht sehr einschneidend; denn es hingen nicht gerade Möglichkeiten und Unmöglichkeiten von der Richtigkeit der genannten Formeln ab.

Für die Praxis des Fliegens sind dagegen nur solche Angaben über Luftwiderstand verwendbar, welche, aus Versuchen sich ergebend, auch den Unvollkommenheiten Rechnung tragen, welche die Ausführbarkeit wirklicher Flügel mit sich bringt. Wir können nun einmal keine unendlich dünnen, unendlich glatten Flügel herstellen, wie die Theorie sie voraussetzt, ebensowenig wie die Natur dies vermag, und so stellt sich bei derartigen Versuchen ein beträchtlicher Unterschied in den Luftwiderstandserscheinungen gegen das theoretisch Entwickelte ein. Dies gilt namentlich auch für die Richtung des Luftwiderstandes zur bewegten Fläche. Diese Richtung steht nach der einfach theoretischen Anschauung senkrecht zur Fläche. In Wirklichkeit jedoch weicht diese Richtung des Luftwiderstandes besonders bei spitzen Winkeln, auch wenn die Fläche so dünn und so glatt wie möglich ausgeführt wird, erheblich von der Normalen ab.

Diese in der Praxis stattfindenden Abweichungen von den Ergebnissen der theoretischen Überlegung haben schon so manche Hoffnung zu Schanden werden lassen, welche sich daran knüpfte, daß das Vorwärtsfliegen zur längst ersehnten Kraftersparnis beim Fliegen beitragen könne.

Auch wir haben, auf solche Vorstellungen fußend, eine Anzahl von Apparaten gebaut, um diese vermeintlichen Vorteile weiter zu verfolgen.

Nachdem wir erkannt zu haben glaubten, daß der hebende Luftwiderstand durch schnelles Vorwärtsfliegen arbeitslos vermehrt werden, und daher an Niederschlagsarbeit gespart werden könne, bauten wir in den Jahren 1871-73 eine ganze Reihe von Vorrichtungen, um hierüber vollere Klarheit zu erhalten.

Die Flügel dieser Apparate wurden teils durch Federkraft, teils durch Dampfkraft in Bewegung gesetzt. Es gelang uns auch, diese Modelle mit verschiedenen Vorwärtsgeschwindigkeiten zum freien Fliegen zu bringen; allein was wir eigentlich feststellen wollten, gelang uns in keinem Falle. Wir waren nicht imstande, den Nachweis zu führen, daß durch Vorwärtsfliegen sich Arbeit ersparen läßt, und wenn wir auch durch diese Versuche um manche Erfahrung bereichert wurden, so mußten wir das Hauptergebnis doch als ein negatives bezeichnen, indem diese Versuche nicht eine Verminderung der Flugarbeit durch Vorwärtsfliegen ergaben.

Den Grund hierfür suchten und fanden wir darin, daß wir eben von falschen Voraussetzungen ausgegangen waren und Luftwiderstände in Rechnung gezogen hatten, die in Wirklichkeit gar nicht existieren; denn die genannten ungünstigen Resultate veranlaßten uns, den Luftwiderstand der ebenen, schräg durch die Luft bewegten Flächen genauer experimentell zu untersuchen, und wir erhielten dadurch die Aufklärung über dieses die Erwartungen nicht erfüllende Verhalten des Luftwiderstandes.

Fig. 14 zeigt den hierzu verwendeten Apparat.

Durch Letzteren war es möglich, an rotierenden Flächen nicht nur die Größe der Widerstände, sondern auch ihre Druckrichtung zu erfahren.

Fig. 14.

Dieser Apparat trug an drehbarer vertikaler Spindel 2 gegenüberstehende leichte Arme mit den 2 Versuchsflächen an den Enden. Die Flächen konnten unter jedem Neigungswinkel eingestellt werden. Die Drehung wurde hervorgerufen durch 2 Gewichte, deren Schnur von entgegengesetzten Seiten einer auf der Spindel sitzenden Rolle sich abwickelte. Dieser zweiseitige Angriff wurde gewählt, um den seitlichen Zug auf die Spindellager möglichst zu eliminieren. Durch Reduktion der treibenden Gewichte auf die Luftwiderstandscentren der Flächen, also durch einfachen Vergleich der Hebelarme ließ sich die horizontale Luftwiderstandskomponente ermitteln, nachdem selbstverständlich vorher der von den Armen allein hervorgerufene und ausgeprobte Luftwiderstand sowie der Leergangsdruck abgezogen war.

Um auch die vertikale Komponente des Luftwiderstandes messen zu können, war die Spindel mit allen von ihr getragenen Teilen durch einen Hebel mit Gegengewicht ausbalanciert. Die Spindel ruhte drehbar auf dem freien Ende dieses Hebels und konnte sich um weniges heben oder senken, um das Auftreten einer äußeren vertikalen Kraft erkennen zu lassen. Die an den Versuchsflächen sich zeigende vertikale hebende Widerstandskomponente wurde dann durch einfache Belastung des Unterstützungspunktes der Spindel, bis keine Hebung mehr stattfand, ganz direkt gemessen, wie in der Zeichnung angegeben.

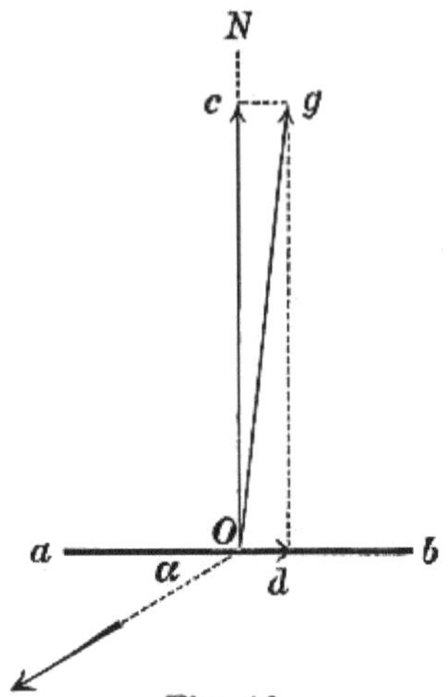

Fig. 16.

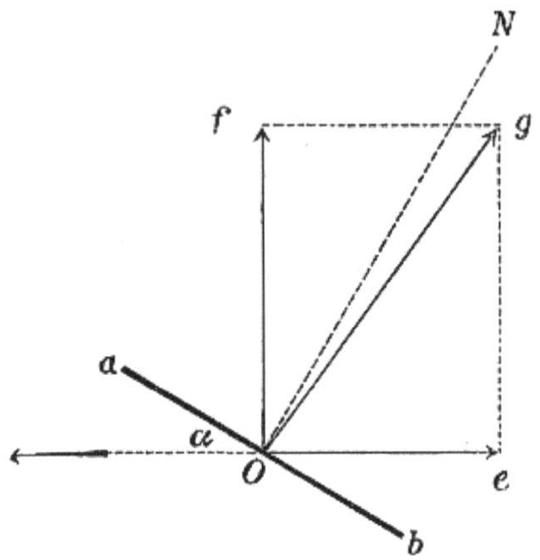

Fig. 15.

Auf diese Weise erhielten wir bei der schräg gestellten und horizontal bewegten Fläche *ab* nach Fig. 15 die horizontale Luftwiderstandskomponente *Oe* und die vertikale Komponente *Of*, die dann zusammengesetzt die Resultante *Og* ergaben, welche den eigentlichen Luftwiderstand in Größe und Richtung darstellt.

Denkt man sich das ganze System von Fig. 15 um den Winkel α nach links gedreht, so entsteht Fig. 16, in welcher *ON*, die Normale zur Fläche, senkrecht steht.

Zerlegt man hier nun den Luftwiderstand *Og* in eine vertikale und eine horizontale Komponente, so erhält man für die horizontal ausgebreitete und schräg abwärts bewegte Fläche die hebende Wirkung des Luftwiderstandes in der Kraft *Oc*, während die Kraft *Od* eine hemmende Wirkung für die Fortbewegung der Fläche nach horizontaler Richtung veranlaßt. Aus diesem Grunde kann man *Oc* die hebende und *Od* die hemmende Komponente nennen.

Die Resultate dieser Messungen sind auf Tafel I zusammengestellt, und zwar giebt Fig. 1 die Luftwiderstände bei konstanter Bewegungsrichtung und verändertem Neigungswinkel, während Fig. 2 die Widerstände so gezeichnet enthält, wie dieselben bei einer sich parallel bleibenden Fläche entstehen, wenn diese nach den verschiedenen Richtungen mit immer gleicher absoluter Geschwindigkeit bewegt wird.

Wenn eine ebene Fläche *ab*, Tafel I Fig. 1, in der Pfeilrichtung bewegt wird, und zwar nicht bloß, wie gezeichnet, sondern unter verschiedenen Neigungen von $\alpha = 0°$ bis $\alpha = 90°$, aber immer mit der gleichen Geschwindigkeit, so entstehen die Luftwiderstände *c* 0°; *c* 3°; *c* 6°; *c* 90°, entsprechend den Neigungswinkeln 0°, 3°, 6°, 90°. Diese Kraftlinien geben das Verhältnis der Luftwiderstände zu dem normalen Widerstand *c* 90° an, welch letzterer nach der Formel $L = 0{,}13 \times F \times c2$ berechnet werden kann. Die Kraftlinien haben aber auch die ihnen zukommenden Richtungen in Fig. 1 erhalten. Ihre Endpunkte sind durch eine Kurve verbunden.

Da aus Fig. 1 nicht verglichen werden kann, wie die Kraftrichtungen zu den erzeugenden Flächen stehen, so sind in Fig. 2 die Luftdrucke so eingezeichnet, wie dieselben sich stellen, wenn die horizontale Fläche *ab* mit derselben absoluten Geschwindigkeit nach den verschiedenen Richtungen von 3°, 6°, 9° u. s. w. bewegt wird. Hierbei ist deutlich die Lage jeder Druckrichtung gegen die Normale der Fläche erkenntlich.

Es zeigt sich, daß die Luftwiderstandskomponenten in der Flächenrichtung bis zum Winkel von 37° fast gleich groß sind. Diese Komponente stellt außer dem Einfluß des an der Vorderkante der Fläche stattfindenden Luftwiderstandes gewissermaßen die Reibung der Luft an der Fläche dar, und diese Reibung bleibt fast gleich groß, wenn, wie bei spitzen Winkeln, in Fig. 17, die Luft nach einer Seite abfließt. Bei stumpferen Winkeln, Fig. 18, wo ein Teil der steiler auf die Fläche treffenden Luft um die Vorderkante der Fläche herumgeht, wird die Reibung summarisch dadurch vermindert und schließlich ganz aufgehoben nach Fig. 19 bei normaler Bewegung; denn dann fließt die Luft nach allen Seiten gleich stark ab und die algebraische Summe der Reibungen ist Null.

Fig. 17.

Fig. 18.

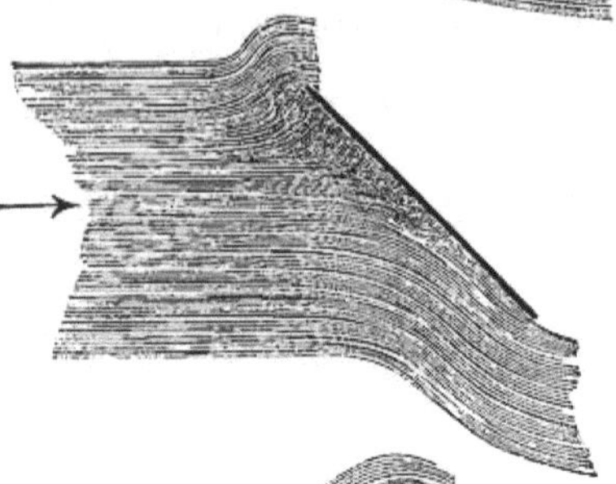

Fig. 19.

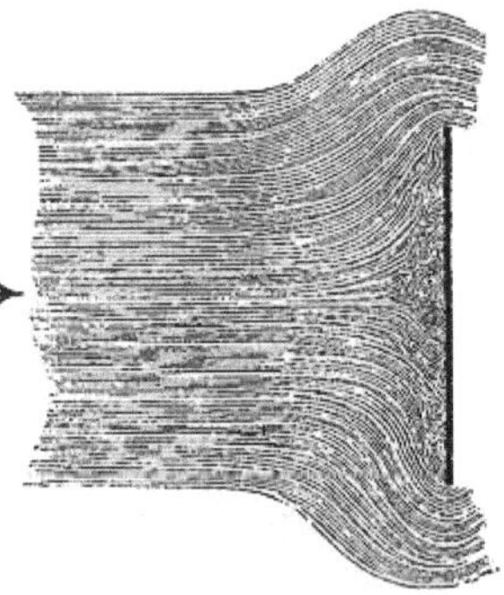

Die Abhängigkeit des Widerstandes vom Quadrat der Geschwindigkeit wird durch die Reibung nicht wesentlich beeinflußt.

Zum Vergleich der absoluten Größen des Luftwiderstandes geneigter Flächen mit dem Luftwiderstand bei normal getroffenen Flächen bediene man sich der Tafel VII. Hier sind die Widerstände geneigter ebener Flächen nach Maßgabe der Neigungswinkel bei gleichen absoluten Geschwindigkeiten und zwar in der unteren einfachen Linie (mit ebene Fläche bezeichnet) eingetragen, ohne Rücksicht auf ihre Druckrichtung. Die Abweichung von der jetzt meist als maßgebend angesehenen Sinuslinie ist besonders bei den kleinen Winkeln auffallend. Nicht viel weniger auffallend würden sich übrigens auch die normal zur Fläche stehenden Komponenten verhalten, weil sie nicht viel kleiner sind.

Für die Nutzanwendung kommen natürlich die Abweichungen der Widerstandsrichtung von der Normalen ganz besonders in Betracht; denn sie sind es, welche den Vorteil des Vorwärtsfliegens mit ebenen Flügeln in Bezug auf Kraftersparnis zum größten Teil wieder vernichten.

Es wird nicht gut angehen, den durch schiefen Stoß hervorgerufenen Luftwiderstand in Formeln zu zwängen, es müßten denn gröbere

Vernachlässigungen geschehen, welche die Genauigkeit empfindlich beeinträchtigten.

Es bleibt nur übrig, die Diagramme zur Entnahme des Luftdruckes zu benutzen, weshalb dieselben auch mit möglichster Genauigkeit im größeren Maßstabe ausgeführt sind.

Die hier vorliegenden Diagramme geben die Mittelwerte der aus vielen Versuchsreihen gefundenen Zahlen.

Diese Experimente begannen im Jahre 1866 und wurden mit mehreren größeren Unterbrechungen bis zum Jahre 1889 fortgesetzt. Zur Beurteilung ihrer Anwendbarkeit sei erwähnt, daß mehrere Apparate, wie beschrieben, in verschiedenen Größen zur Anwendung gelangten. Der Durchmesser der Kreisbahnen, welche die Versuchsflächen zurückzulegen hatten, schwankte zwischen 2 m und 7 m. Die verwendeten Flächen, von denen immer 2 gegenüberstehende gleichartige zur Anwendung gebracht wurden, hatten 0,1-0,5 qm Inhalt. Sie waren hergestellt aus leichten Holzrahmen mit Papier bespannt, aus dünner fester Pappe, sogenanntem Preßspan, aus massivem Holz oder aus Messingblech. Der größte Querschnitt betrug 1/50-1/80 der Fläche. Die Kanten wurden stumpf, abgerundet und scharf zugespitzt hergestellt, was jedoch bei der geringen Dicke der Versuchskörper wenig Einfluß ausübte.

Die zur Anwendung kommenden Geschwindigkeiten betrugen 1 bis 12 m pro Sekunde.

Das Wachsen des Luftwiderstandes mit dem Quadrat der Geschwindigkeit bestätigte sich bei allen diesen Versuchen.

20. Die Arbeit beim Vorwärtsfliegen mit ebenen Flügeln.

Wenn der Luftwiderstand senkrecht zu ebenen, schräg abwärts bewegten Flügeln gerichtet wäre, ließe sich durch schnelles Vorwärtsfliegen viel an Flugarbeit ersparen. Es käme, nach Fig. 20, immer nur die kleine vertikale Geschwindigkeitskomponente c für die Arbeit in Rechnung, während die große absolute Flügelgeschwindigkeit v den hebenden Luftwiderstand bedingt.

Annähernd wäre der erzeugte Luftwiderstand

$$G = 0{,}13 \times F \times v2 \times \sin \alpha, \text{ und}$$
$$v = \sqrt{}G$$
$$F \times 0{,}13 \times \sin \alpha,$$

wobei die Arbeit $G \times c = G \times v \times \sin \alpha$ oder

$$G \times c = G \times \sqrt{}G$$
$$F \times 0{,}13 \times \sqrt{}\sin \alpha \text{ wäre.}$$

Je kleiner also α ist, je schneller also geflogen wird, desto kleiner wird auch $\sqrt{}\sin \alpha$ sein, und desto geringer wäre auch die aufzuwendende Arbeit; man hätte nur nötig, genügend schnell zu fliegen, und könnte dadurch die Fliegarbeit beliebig verkleinern.

In Wirklichkeit läßt sich dieser Satz nicht aufrecht halten, weil eine etwa vorhandene Anfangsgeschwindigkeit des Vogels bald aufgezehrt werden würde durch die hemmende Komponente des Luftwiderstandes unter den Flügeln, selbst wenn man von dem Widerstand des Vogelkörpers ganz absieht.

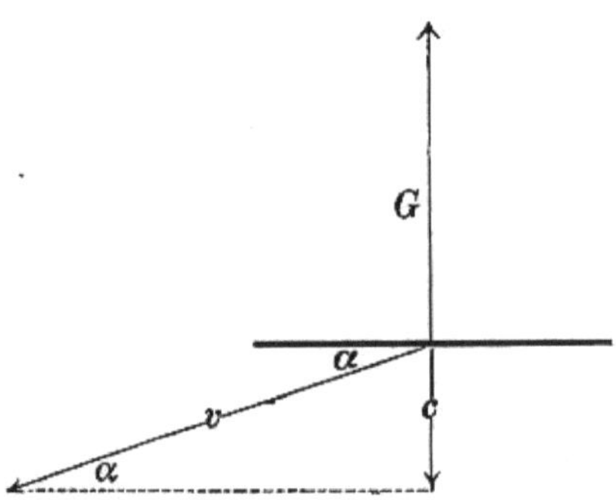

Fig. 20.

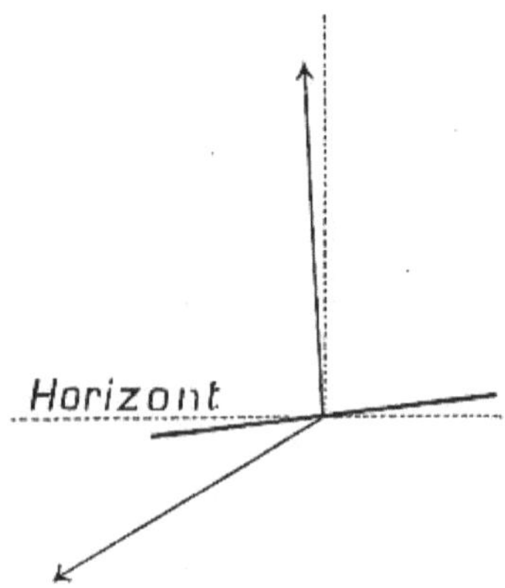

Fig. 21.

Um dennoch die Vorwärtsgeschwindigkeit des Vogels zu unterhalten, könnte z. B. das Flügelheben unter schräger Stellung verwendet werden, wie auch wir bei unseren Versuchen verfuhren. Aus letzterem ergäbe sich aber eine herabdrückende Wirkung, und für diese müßte der Niederschlag der Flügel aufkommen.

Statt dessen kann man sich aber auch anderseits vorstellen, der Flügel wäre beim Abwärtsschlagen nicht horizontal gerichtet, sondern, wie in Fig. 21, nach vorn etwas geneigt und zwar so, daß die Mittelkraft des entstandenen Luftwiderstandes genau senkrecht oder noch wenig nach vorn geneigt steht, um den Widerstand des Vogelkörpers mit zu überwinden. An dem auf diese Weise thätigen Flugapparate könnte ein Gleichgewicht der Bewegung bestehen und die Vorwärtsgeschwindigkeit aufrecht erhalten bleiben.

Der Einfluß eines solchen Vorwärtsfliegens mit ebenen Flügeln auf die Größe der Flugarbeit läßt sich nun in folgender Weise bestimmen.

Es soll diese Arbeit beim Vorwärtsfliegen ins Verhältnis gestellt werden zu derjenigen Arbeit, welche ohne Vorwärtsfliegen nötig ist, und zwar sei diese letztere Arbeit mit A bezeichnet.

Der einfacheren Vorstellung halber sei angenommen, daß die Flügel in allen Punkten gleiche Geschwindigkeit haben, die Flügel also in allen Lagen parallel mit sich bleiben und die Verteilung des Luftwiderstandes auf die Fläche daher gleichmäßig erfolgt.

In Fig. 22 ist der Flügelquerschnitt AB so gegen den Horizont geneigt, daß die z. B. unter 23° mit der absoluten Geschwindigkeit OD bewegte Fläche einen lotrecht gerichteten Luftwiderstand OC giebt. Die Flächenneigung gegen den Horizont beträgt dann nach dem Diagramm Tafel I Fig. 1 und Fig. 2 etwa 6°.

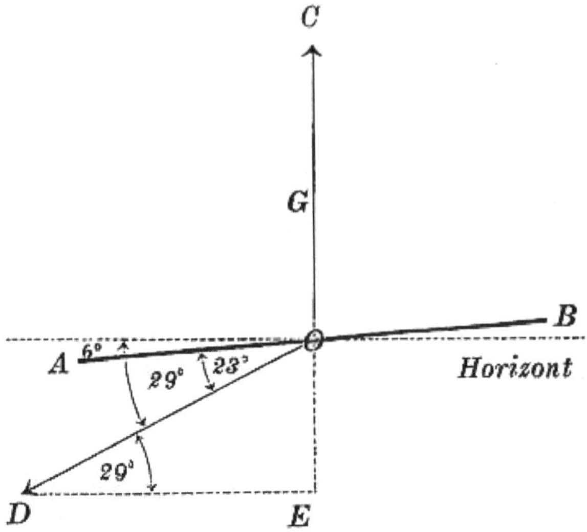

Fig. 22.

Um nun einen Luftwiderstand von bestimmter Größe, z. B. gleich dem Vogelgewichte *G* zu erhalten, muß die absolute Geschwindigkeit größer sein, als wenn die Flugfläche senkrecht zu ihrer Richtung bewegt würde und dabei derselbe Widerstand entstehen sollte.

Aus der Tafel VII ergiebt sich, daß für 23° Neigung der Luftwiderstand 0,45 des Widerstandes für 90° ist. Für 23° Neigung müßte daher die absolute Geschwindigkeit um den Faktor: 1
√0,45 größer sein, als bei 90°. Dies wäre dann die Geschwindigkeit *OD*. Für die Arbeitsleistung kommt aber nur die Geschwindigkeit *OE* in Betracht und diese ist gleich *OD* × sin 29°, mithin: 1
√0,45 × sin 29° = 0,72 von der Geschwindigkeit, mit welcher die Fläche bei normaler Bewegung den Luftwiderstand *G* erzeugte.

Die in diesem Falle zu leistende Arbeit ist demnach 0,72*A* und es wäre hier durch Vorwärtsfliegen etwa 1/4 der Arbeit gespart gegenüber dem Fliegen auf der Stelle. Die Fluggeschwindigkeit würde dann ungefähr doppelt so groß sein als die Abwärtsgeschwindigkeit der Flügel, weil *ED* ungefähr doppelt so groß als *OE* ist.

Von dem hierbei resultierenden Nutzen geht aber wiederum noch ein Teil dadurch verloren, daß der Widerstand des Vogelkörpers nach der Bewegungsrichtung mit überwunden werden muß.

Der hier herausgegriffene Fall ist aber der günstigste, welcher entstehen kann; denn wenn die Flügel unter anderen Neigungen bewegt werden, also langsamer oder schneller geflogen wird, so ergiebt sich ein noch weniger günstiges Resultat für die aufzuwendende Arbeit. Die Verhältnisse zu der

Arbeit A sind auf Tafel I in Fig. 2 bei einigen Winkeln angegeben. Der Minimalwert bei 23° ist unterstrichen.

Man sieht, daß das Vorwärtsfliegen mit ebenen Flächen kaum einen nennenswerten Vorteil zur Kraftersparnis gewährt; denn wenn vorher 1,5 HP zum Fliegen für den Menschen nötig war, bleibt jetzt immer noch über 1 HP übrig als das Äußerste, was sich theoretisch erreichen läßt.

Hieraus geht aber auch gleichzeitig hervor, daß dem Fliegen mit ebenen Flügeln dieser große Nachteil deshalb anhaftet, weil der Luftwiderstand bei schräger Bewegung nicht senkrecht zur Fläche steht, und daß deshalb keine Möglichkeit denkbar ist, daß bei ebenen Flächen, sei die Bewegung wie sie wolle, jemals eine größere Arbeitsersparnis nachgewiesen werden könnte.

Wenn dessenungeachtet vielfach unternommen wird, durch eigentümliche Bewegungen mit ebenen Flügeln, wofür es in der flugtechnischen Litteratur an Kunstausdrücken nicht fehlt, große Vorteile beim Fliegen herauszurechnen und gar das Segeln der Vögel darauf zurückzuführen, so kann dieses nur auf Grund falscher Voraussetzungen geschehen oder auf im Eifer entstandene Trugschlüsse hinauslaufen, die in den flugtechnischen Werken leider allzuhäufig anzutreffen sind. Man möchte annehmen, es sei in der Flugtechnik zu viel gerechnet und zu wenig versucht, und daß dadurch eine Litteratur geschaffen sei, wie sie entstehen muß, wenn in einer empirischen Wissenschaft nicht oft genug durch die Wirklichkeit des Experimentes der reinen Denkthätigkeit neuer Stoff und die richtige Nahrung zugeführt wird.

21. Überlegenheit der natürlichen Flügel gegen ebene Flügelflächen.

Wenn nun die Aussichten hoffnungslos sind, mit ebenen Flächen jemals auf eine Flugmethode zu kommen, welche mit großer Arbeitsersparnis vor sich gehen kann, und daher durch den Menschen zur Ausführung gelangen könnte, so bleibt eben nur übrig, zu versuchen, ob denn das Heil in der Anwendung nicht ebener Flügel sich finden läßt.

Die Natur beweist uns täglich von neuem, daß das Fliegen gar nicht so schwierig ist, und wenn wir fast verzagt die Idee des Fliegens aufgeben wollen, weil immer wieder eine unerschwingliche Kraftleistung beim Fliegen sich herausrechnet, so erinnert jeder mit langsamem, deutlich erkennbarem Flügelschlag dahinfliegende größere Vogel, jeder kreisende Raubvogel, ja, jede dahinsegelnde Schwalbe uns wieder daran: „Die Rechnung kann noch nicht stimmen, der Vogel leistet entschieden nicht diese ungeheuerliche Arbeitskraft; es muß irgendwo noch ein Geheimnis verborgen sein, was das Fliegerätsel mit einem Schlage löst.“

Wenn man sieht, wie ungeschickt die jungen Störche, nachdem sie auf dem Dachfirst einige Vorübungen gemacht, ihre ersten Flugversuche anstellen, wo Schnabel und Beine herunterhängen, der Hals aber in einer höchst unschönen Linie gekrümmt die wunderlichsten Bewegungen macht, um das in Gefahr geratene Gleichgewicht zu sichern, dann gewinnt man den Eindruck, als müsse solch notdürftiges Fliegen ganz außerordentlich leicht sein, und man wird angeregt, sich auch ein Paar Flügel anzufertigen und das Fliegen zu versuchen. Gewahrt man dann, wie der junge Storch nach wenigen Tagen schon elegant zu fliegen versteht, so wird der Mut, es ihm gleich zu thun, nur noch größer. Nicht lange währt es aber, so kreist dann der junge Storch vor Antritt der Reise nach dem Süden mit seinen Eltern im blauen Äther ohne Flügelschlag um die Wette. (Siehe Titelbild.) Das heißt doch wohl, daß hier die richtige Flügelform den Ausschlag geben muß, und wenn diese einmal vorhanden ist, alles übrige sich von selbst findet.

Erwägt man ferner, daß die meisten Vögel nicht notdürftig, sondern verschwenderisch mit der Flugfähigkeit ausgestattet sind, so muß um so mehr die Einsicht Platz greifen, daß auch das künstliche Fliegen vom Menschen bewirkt werden kann, wenn es nur richtig angestellt wird, wozu aber besonders die Anwendung einer richtigen Flügelform gehört.

Daß aber der Vogel oft wirklichen Überschuß an Fliegekraft besitzt, erkennt man daran, daß die Raubvögel recht ansehnliche Beute noch zu tragen vermögen. Die vom Habicht getragene Taube wiegt fast halb so viel, wie der Habicht selbst und trägt nicht etwa mit zur Hebung bei; denn der

Habicht drückt der Taube mit seinen Fängen die Flügel zusammen. Man merkt dann allerdings dem Habicht die Anstrengung sehr an; er vermag jedoch trotzdem noch weit mit der Taube zu fliegen und würde dies sicher noch besser können, wenn die Taube nicht beständig, von Todesangst getrieben, verzweifelte Anstrengungen machte, sich zu befreien, und wenn der Habicht mit der unter ihm hängenden Taube nicht den reichlich doppelten Flugquerschnitt nach der Bewegungsrichtung hätte, so daß er am schnelleren Fluge dadurch gehindert wird.

Daß aber auch die Flügelgröße der Vögel im allgemeinen sehr reichlich bemessen ist, erkennt man daran, daß die meisten Vögel mit sehr reduzierten Flügeln noch fliegen können. Beim Fehlen einiger Schwungfedern ist meistens kein Unterschied im Fliegen gegen das Fliegen mit vollzähligen Federn bemerkbar.

An dieser Stelle soll auch erwähnt werden, daß der Schwanzfläche des Vogels nur sehr geringe Bedeutung beigemessen werden darf gegenüber der Flügelwirkung, weil nach Verlieren sämtlicher Schwanzfedern der Vogel kaum merklich schlechter fliegt. Dies gilt nicht bloß für die Hebewirkung, sondern auch für die Steuerwirkung. Ein Sperling ohne Schwanz fliegt ebenso gewandt durch einen Lattenzaun wie seine geschwänzten Brüder. Diese Beobachtung wird wohl fast jeder einmal gemacht haben.

Wichtiger als für die seitliche Steuerung scheint der Schwanz für die Steuerung nach der Höhenrichtung zu sein, worauf schon der Umstand hindeutet, daß der Vogelschwanz entgegen dem Fischschwanz bei seiner Entfaltung eine horizontale Fläche bildet.

Bemerkenswert ist ferner, daß die Vögel mit langem Hals meist kurze Schwänze und die Vögel mit kürzerem Hals meist längere Schwänze besitzen. Der lange Hals ist zur Schwerpunktverlegung wohl geeignet und kann daher auch schnell die Neigung des auf der Flugfläche ruhenden Vogels nach vorn oder hinten bewirken. Wer einen ganz jungen Storch fliegen gesehen hat, wird auch bemerkt haben, wie letzterer hiervon in ergiebigster Weise Gebrauch macht. Der längere Schwanz kann aber den langen Hals vorzüglich ersetzen, jedoch nicht durch Veränderung der Schwerpunktslage, sondern durch Einschaltung eines hinten hebenden oder niederdrückenden Luftwiderstandes, je nachdem der Schwanz beim Vorwärtsfliegen gesenkt oder gehoben wird. Der Schwanz wirkt dann genau wie ein horizontales Steuerruder.

Dennoch aber ist für den Vogel der Schwanz leicht entbehrlich, weil er noch ein anderes höchst wirksames Mittel besitzt, sich nach vorn zu heben oder zu senken. Er braucht ja nur durch Vorschieben seiner Flügel den Stützpunkt nach vorn zu bringen, um sofort vorn gehoben zu werden, und wird durch Zurückziehen der Flügel ebenso vorn sich senken. Durch letztere

Bewegung leitet der stoßende Raubvogel seine Abwärtsbewegung aus der Höhe ein.

Über die geringste zum Fliegen erforderliche Flugfläche bei Tauben hat Verfasser Versuche angestellt. Durch stumpfes Beschneiden der Flügel wird zwar bald die Grenze der Flugfähigkeit erreicht, aber durch Zusammenbinden der Schwungfedern kann man die Fläche der Flügel erheblich vermindern ohne der Taube die Flugfähigkeit ganz zu nehmen. Der äußerst erreichte Fall, in dem die Taube noch dauernd hoch und schnell fliegen konnte ist in Fig. 23 abgebildet.

Fig. 23.

Um noch ein Beispiel aus der Insektenwelt anzuführen, selbst auf die Gefahr hin, daß der Vergleich etwas weit hergeholt erscheint, soll darauf hingewiesen werden, daß die Stubenfliegen noch sehr gut auf ihren Flügeln sich erheben können, wenn sie im Herbst vor Mattheit kaum noch zu kriechen imstande sind. Es ist hierbei allerdings zu berücksichtigen, daß mit der Kleinheit der Tiere ihre Flugfläche im Vergleich zum Gewichte beträchtlich zunimmt, kleinen Tieren, also allen Insekten, das Fliegen besonders leicht gemacht ist. 1 kg Sperlinge hat zusammen 0,25 qm Flugfläche; die Flügel von 1 kg Libellen besitzen dagegen 2,5 qm Fläche.

Aus diesem Grunde dürfen wir auch die Insektenwelt beim Fliegen nicht als Vorbild wählen, sondern haben uns an die möglichst großen Flieger zu halten, bei denen das Verhältnis von Flugfläche zum Gewicht ein möglichst ähnliches von dem ist, welches der Mensch für sich ausführen müßte.

Also auf die Form der Flugfläche wurde unsere Aufmerksamkeit gelenkt, und wir wissen alle, daß der Vogelflügel keine Ebene ist, sondern eine etwas gewölbte Form hat.

Es fragt sich nun, ob diese Form ausschlaggebend ist für eine Erklärung der geringen Arbeit beim natürlichen Fluge, und inwieweit andere nicht ebene Flächen die Arbeit beim Fliegen vermindern können.

Hier scheinen die theoretischen Vorausbestimmungen uns nun vollends im Stich zu lassen, ausgenommen, daß wir nach derjenigen Theorie handeln, welche uns immer wieder auf die Natur als unsere Lehrmeisterin verweist und die genaue Nachbildung des Vogelflügels empfiehlt.

22. Wertbestimmung der Flügelformen.

Die Wölbung, welche die Vogelflügel besitzen, scheint aber doch fast zu gering zu sein, um solche hervorragenden Unterschiede in der Wirkung zu erzeugen. So dachten auch wir, als wir im Jahre 1873 in einer großen Berliner Turnhalle während der Sommerferien einen Meßapparat aufstellten und mit allerhand gekrümmten Flächen versahen, um womöglich noch bessere Flügelformen herauszufinden, als die Natur sie verwendet.

Ein solcher Meßapparat ist bereits beschrieben und in Fig. 14 dargestellt; er gestattete, Größe und Richtung des Luftwiderstandes bei beliebigen Flächen, unter beliebigen Richtungen und Geschwindigkeiten bewegt, zu messen.

Die verwendeten Flächen waren aus biegsamen Materialien hergestellt, so daß man ihnen leicht jede beliebige Form geben konnte. Es kam ja eben darauf an, Vergleiche zwischen den Wirkungen der Flächenformen anzustellen mit Bezug auf ihre Verwendbarkeit zur Flugtechnik.

Diese bessere oder schlechtere Verwendbarkeit muß nun noch einmal einer näheren Untersuchung unterzogen werden.

Es liegt in der Absicht, diejenige Flächenform zu finden, welche den größten Vorteil zur Arbeitsersparnis beim Fliegen gewährt. Die Fliegearbeit aber besteht immer in einem Produkt aus Kraft und sekundlichem Weg. Wenn dieses Arbeitsprodukt verringert werden soll, so müssen die einzelnen Faktoren verringert werden. Mit dem Kraftfaktor läßt sich aber nicht viel hierin beginnen, weil diese Kraft immer mindestens gleich dem Gewicht des zu hebenden Körpers sein muß. Wir müssen also unser Augenmerk darauf richten, den Wegfaktor oder die arbeiterfordernde Flügelgeschwindigkeit günstig zu beeinflussen.

Fühlbar für die Anstrengung ist aber beim vorwärtsfliegenden Vogel nur die Geschwindigkeit der Flügel relativ zum Vogelkörper also im besonderen der vertikale Geschwindigkeitsanteil des Luftwiderstandscentrums.

Es liegt nahe, nach Flügelformen zu suchen, welche beim Vorwärtsfliegen diejenigen Vorteile gewähren, die bei ebenen Flügeln vergeblich gesucht wurden, und es fragt sich:

„Giebt es Flächenformen, welche, als Flügel beim Vorwärtsfliegen bewegt, mehr hebende aber weniger hemmende Wirkung hervorrufen als die unter gleichen Verhältnissen angewendete ebene Flugfläche?"

Es kommt also darauf an, eine Flächenform zu finden, welche in einer gewissen Lage, unter möglichst spitzem Winkel zum Horizont bewegt, eine möglichst große hebende, das Gewicht tragende, und eine möglichst kleine, die Fluggeschwindigkeit wenig hemmende Luftwiderstandskomponente giebt.

Der Wert der Flügelform besteht also darin, daß eine möglichst starke und reine Hebewirkung sich bildet, wenn der Flügel gleichzeitig langsam abwärts und schnell vorwärts bewegt wird.

23. Der vorteilhafteste Flügelquerschnitt.

Die von uns auf ihr Güteverhältnis für die Flugtechnik untersuchten Flächen hatten nach der Bewegungsrichtung unter anderen die in Fig. 24 abgebildeten Querschnitte. Auf die sonstige Form dieser Versuchsflächen soll später näher eingegangen werden.

Fig. 24.

Es wurden diese Flächen unter verschiedenen Neigungen und mit verschiedenen Geschwindigkeiten gegen die Luft bewegt, und jedesmal der entstandene Luftwiderstand nach Größe und Richtung gemessen.

Hierbei stellte sich nun heraus, daß unter allen diesen Versuchsflächen die einfach gewölbte, und zwar die nur schwach gewölbte Fläche, deren Form dem Vogelflügel am ähnlichsten ist, in ganz hervorragender Weise diejenigen Eigenschaften besitzt, auf welche es, wie vorher erörtert, für eine gute Verwendbarkeit zur Kraftersparnis beim Fluge ankommt.

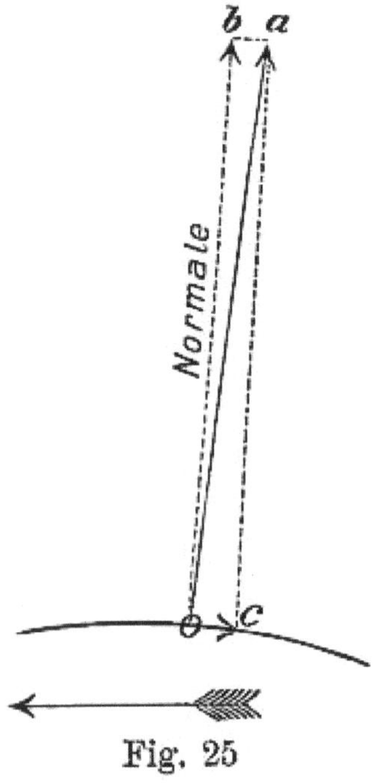

Fig. 25

Eine schwachgewölbte Fläche mit einem Querschnitt nach Fig. 25 giebt also, in der Richtung des Pfeiles bewegt, einen Luftwiderstand *oa* mit großer hebender Komponente *ob* und kleiner hemmender Komponente *oc*; ja, dieser Luftwiderstand verliert bei gewissen Neigungen überhaupt seine hemmende Wirkung und bekommt sogar, was wir anfangs kaum zu glauben wagten, unter Umständen eine solche Richtung zur erzeugenden Fläche, daß statt der hemmenden eine treibende Komponente auftritt, daß also die Druckrichtung nicht hinter, sondern vor der Normalen zur Fläche zu liegen kommt.

Da vermutlich auf den Eigenschaften solcher schwachgekrümmter vogelflügelähnlicher Flächen das Geheimnis der ganzen Fliegekunst beruht, werden dieselben später genauerer Untersuchung unterzogen. Zunächst aber soll in dem folgenden Abschnitt das allgemeine Verhalten der ebenen und gewölbten Fläche zur Fliegearbeit verglichen werden. Wir werden uns hierdurch von der vorteilhaften Verwendbarkeit der flügelförmigen Flächen überzeugen, und die Notwendigkeit von der gänzlichen Beseitigung der ebenen Flügel aus der Flugfrage überhaupt einsehen.

24. Die Vorzüge des gewölbten Flügels gegen die ebene Flugfläche.

Um einen Vergleich anstellen zu können zwischen dem Luftwiderstand der ebenen und gewölbten Fläche, sind in Fig. 26 und Fig. 27 zwei gleich große Flächen *ab* und *cd* im Querschnitt dargestellt, welche auch unter gleichen Neigungen, etwa von 15°, zum Horizont gelagert sind, vorausgesetzt, daß man bei der gewölbten Fläche die Verbindungslinie der Vorder- und Hinterkante, also die gerade Linie *cd* als Richtung ansieht.

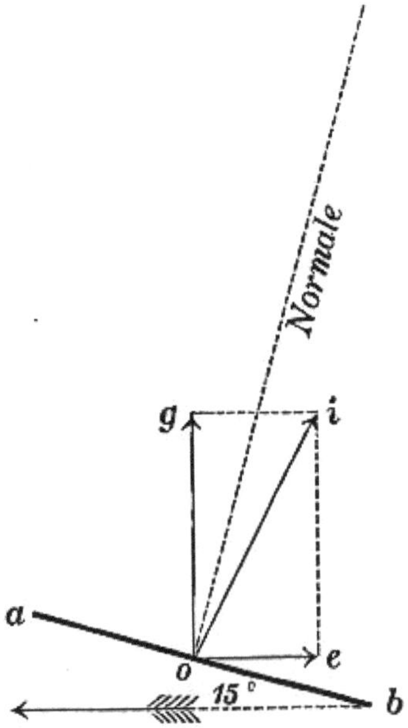

Fig. 26.

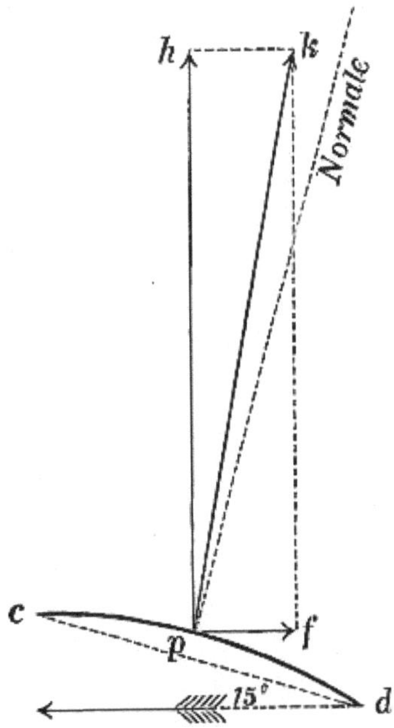

Fig. 27.

Wenn diese Flächen nun an einem Rotationsapparat, Fig. 14, horizontal mit gleicher Geschwindigkeit durch ruhende Luft bewegt und gesondert auf ihren Widerstand untersucht werden, so erhält man die horizontalen Luftwiderstandskomponenten *oe* und *pf* und die vertikalen Komponenten *og* und *ph*, welche in richtigen Verhältnissen, wie sie sich aus den Versuchen ergaben, in den Figuren eingetragen sind.

Diese Komponenten geben nun durch Bildung der Resultanten die absolute Größe und Richtung der Luftwiderstände *oi* bei der ebenen und *pk* bei der gewölbten Fläche.

Um deutlich zu erkennen, von welcher Tragweite dieser verschiedene Ausfall des Luftwiderstandes für die Fliegearbeit ist, denke man sich beide

Flächen horizontal gelagert und dafür die Geschwindigkeitsrichtung um denselben Winkel von 15° abwärts geneigt. Es entstehen dann Fig. 28 und Fig. 29, und bei denselben absoluten Geschwindigkeiten müssen auch dieselben Luftwiderstände gegen die Flächen sich bilden, und zwar wieder *oi* und *pk*, die auch gegen die Flächen noch dieselben Richtungen haben wie früher.

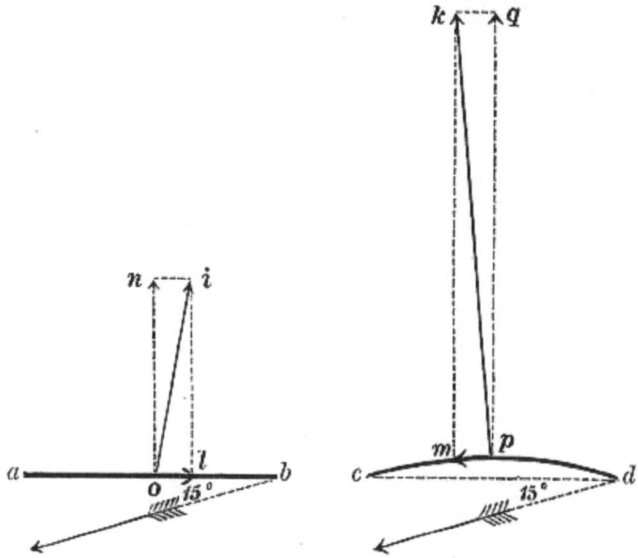

Fig. 28. Fig. 29.

Werden die Flächen *ab* und *cd* in dieser Lage mit den gleichen Geschwindigkeiten *v* als Flugflächen verwendet, so fällt zunächst auf, daß die gewölbte Fläche bei derselben Geschwindigkeit eine größere Hebewirkung ausübt, sie könnte also langsamer bewegt werden wie die ebene Fläche, um denselben Hebedruck zu erzielen als letztere, und es würde hierdurch direkt an Arbeit gespart.

Was aber noch wichtiger zu sein scheint, ist die bei der gewölbten Fläche auftretende vorteilhaftere Richtung des Luftwiderstandes.

Die hemmende Komponente *ol* bei der ebenen Fläche zeigt sich bei der gewölbten Fläche nicht, sondern es tritt dafür eine treibende Komponente *pm* auf. Das Vorhandensein der hemmenden Komponente *ol* bei der ebenen Fläche war aber das eigentliche Hindernis für die Erzielung von Kraftersparnis durch Vorwärtsfliegen. Dieses Hindernis aber besitzt die schwach gewölbte Fläche nicht, und aus diesem Grunde treten bei ihr alle jene Vorteile auf, welche bei der ebenen Fläche fälschlich gemutmaßt und vergeblich zu erreichen gesucht wurden.

Es ist nach Einsichtnahme dieser Luftwiderstandsverhältnisse auf den ersten Blick zu erkennen, daß die gewölbten Flügelformen wohl geeignet sind, durch Vorwärtsfliegen ganz bedeutend an Fliegearbeit zu sparen. Bevor jedoch näher auf die Größe dieser Arbeitsersparnis eingegangen wird, soll eine theoretische Betrachtung über die Entstehung dieser für die Flugtechnik sowohl als für die gesamte fliegende Tierwelt gleich wichtigen Eigenschaften des Luftwiderstandes vorausgeschickt werden.

25. Unterschied in den Luftwiderstandserscheinungen der ebenen und gewölbten Flächen.

Durch das Experiment läßt sich die Überlegenheit der hohlen Flügelform gegen ebene Flügel mit Rücksicht auf ihre Verwendbarkeit beim Fliegen ziffermäßig ermitteln. Es ist aber nötig, daß wir uns das Wesen dieser Erscheinung bei der Wichtigkeit derselben in allen Fragen der Flugtechnik möglichst klar vor Augen führen.

Denken wir uns zu diesem Zweck in Fig. 30 zwei gleich große Flächen, von denen die obere einen ebenen, die untere einen schwach gewölbten Querschnitt hat, durch einen gleichmäßigen horizontalen Luftstrom getroffen. Ob die Flächen in ruhender Luft bewegt werden, oder die Luft mit derselben Geschwindigkeit die ruhenden Flächen trifft, ist im Grunde genommen mit denselben Luftwiderstandswirkungen verknüpft. Es ist die Luft hier als bewegt gedacht, um die Wege der Luftteilchen besser andeuten zu können, und ein deutlicheres Bild von dem Vorgang in der Luft zu erhalten.

Die beiden Flächen sind gleich groß und haben dieselbe Neigung, indem bei der gewölbten Fläche wieder die Sehne des Querschnittbogens als maßgebend für die Richtung angesehen werden soll.

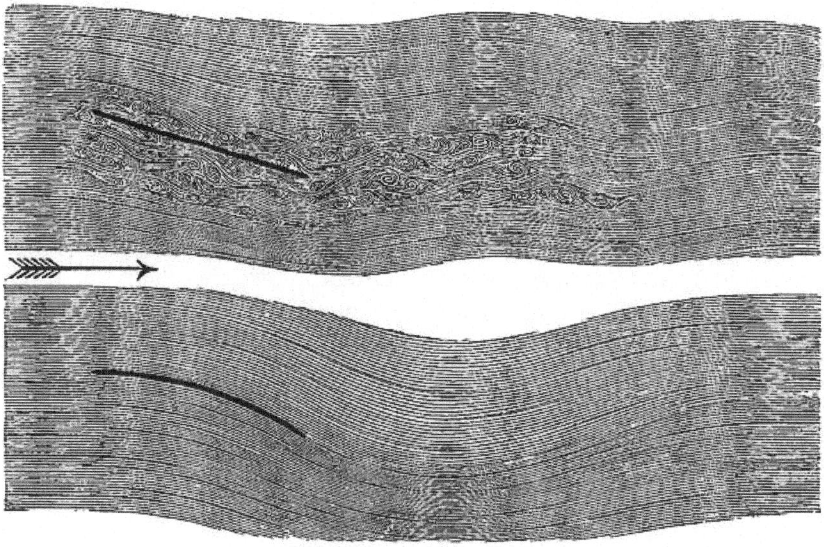

Fig. 30.

Daß der Vorgang in der Luft hier in beiden Fällen ein verschiedener sein muß, und daraus auch ein verschieden gearteter Luftwiderstand sich ergeben muß, ist von vornherein einleuchtend, selbst wenn die Wölbung der einen Fläche nur eine sehr schwache ist.

Die hier vorgeführte Darstellung mag nun wohl der Wirklichkeit bei derartigen unsichtbaren Vorgängen in der Luft nicht genau entsprechen, es genügt aber, wenn die charakteristischen Unterschiede so weit zutreffen, als es für die Anknüpfung der nötigen Überlegungen erforderlich ist.

Die an den Flächen vorbeistreichende Luft erhält in beiden Fällen eine nach unten gerichtete Beschleunigung; denn die unter die Flächen treffende Luft muß unter den Flächen hindurch und die über den Flächen vorbeistreichende Luft muß unbedingt den geneigten Raum oberhalb der Flächen ausfüllen. In der Art, wie dieses aber vor sich geht, sind die Vorgänge in der Luft bei beiden Flächen verschieden.

Die Ablenkung des Luftstromes nach unten geschieht bei der ebenen Fläche zumeist an der Vorderkante, und zwar plötzlich. Hierbei tritt eine Stoßwirkung auf, welche wiederum zur Bildung von Wirbeln Veranlassung giebt.

Nach den allgemeinen Grundsätzen der Mechanik läßt sich hieraus allein schon auf eine Verminderung des beabsichtigten Effektes schließen; denn wenn unbeabsichtigte Nebenwirkungen entstehen, so geht an der Hauptwirkung verloren. Die beabsichtigte Hauptwirkung ist aber ein möglichst großer, möglichst senkrecht nach oben gerichteter Gegendruck auf die Fläche, und dies kann nur dadurch erreicht werden, daß durch die Fläche der auf sie treffenden Luft eine möglichst vollkommene, möglichst nach unten gerichtete Beschleunigung erteilt wird. Die entstandenen Wirbel haben aber kreisende Bewegungen und daher Beschleunigungen nach allen Richtungen erhalten, von denen nur ein geringer Teil zur Hebewirkung verwandt wurde, während der Rest als für die Hebewirkung verloren anzusehen ist.

Wie die Figur es andeutet, wird der Luftstrom, welcher die ebene Fläche traf, durch diese Fläche in Unordnung kommen. Auch hinter der Fläche werden noch Wirbel und unregelmäßige Bewegungen in der Luft sein, die erst nach und nach durch Reibung aneinander ihre ihnen innewohnende nicht horizontal gerichtete lebendige Kraft verzehren oder, anders ausgedrückt, in Reibungswärme verwandeln.

Die ebene Fläche wird in höherem Grade nur mit ihrer Vorderkante eine nach unten gerichtete Beschleunigung auf die Luft ausüben können, und die Luftteile werden nach der Berührung mit der Vorderkante im wesentlichen schon die Wege einschlagen, welche ihnen durch die Richtung der Fläche im Ferneren vorgeschrieben sind. Es drückt sich dies auch dadurch aus, daß die Mittelkraft des Luftwiderstandes bei einer solchen schräg getroffenen ebenen Fläche nicht in der Mitte, sondern mehr nach der Vorderkante zu angreift, die Verteilung des Luftdruckes also ungleichmäßig ist, und zwar eine größere nach der Vorderkante zu.

Ein großer Teil der ebenen Fläche wird also mit wenig Nutzen die Luft an sich vorbeistreichen lassen, während der vordere Teil der Fläche in Rücksicht des nicht zu vermeidenden Stoßes nur unvorteilhaft wirken kann.

Ganz andere Erscheinungen treten nun aber bei der gewölbten Fläche auf. Der auf diese Fläche treffende Luftstrom wird ganz allmählich aus seiner horizontalen Richtung abgelenkt und nach unten geführt. Derselbe erhält nach und nach, und zwar möglichst ohne Stoß eine nach unten gerichtete Geschwindigkeit.

Man sieht ohne weiteres, daß nur die schwach und glatt gewölbte Fläche, besonders wenn die Tangente zur Vorderkante genau in die Windrichtung steht, die an ihr vorbeistreichende Luft möglichst ohne Wirbel mit einer Geschwindigkeit nach unten entlassen wird, und zwar in einer Richtung, welche gewissermaßen der nach unten gerichteten Tangente des letzten Flächenstückes entspricht. Schon diese Tangentenrichtung tritt für die Vorteile der gewölbten Fläche ein.

Eine gleichmäßige Beschleunigung nach unten würde der Luft theoretisch durch eine parabolisch gewölbte Fläche erteilt werden. Dergleichen schwache Parabelbögen und Kreisbögen sind einander zwar sehr ähnlich, jedoch läßt sich die Parabelform des Vogelflügel-Querschnittes noch nachweisen.

Der nach unten gerichtete Bestandteil der lebendigen Kraft der Luftteilchen nach Verlassen der Fläche ist maßgebend für den nach oben gerichteten auf die Fläche ausgeübten Druck. Die Luft verläßt aber die gewölbte Fläche in möglichst geordneter Masse, und wird vermöge der ihr erteilten größeren nach unten gerichteten lebendigen Kraft noch viel weiter nach unten gehen; also eine vertikale Luftbewegung wird eintreten, welche beträchtlich mehr ausgedehnt ist, als die Projektion der Fläche nach der Windrichtung.

Hierin werden sich die beiden Flächen hauptsächlich unterscheiden. Hieraus resultiert aber auch der gewichtige Unterschied für den erzeugten Luftwiderstand.

Während nun die ebene Fläche viele Wirbelbewegungen veranlaßt mit geringeren vertikalen Bewegungsbestandteilen, wird die entsprechend gewölbte Fläche eine vertikal-oscillatorische Wellenbewegung in der Luft hervorrufen mit möglichst großer vertikaler Bewegungskomponente.

Mit der Vollkommenheit dieser Wellenbewegung wird die Hebewirkung in direktem Verhältnis stehen, und je reiner diese Wellenbewegung an vertikalen Schwingungen ist, desto vollkommener wird die reine Hebewirkung auf die wellenerzeugende gekrümmte Fläche sein, indem der größten Aktion auch die größte Reaktion entspricht.

Unser Streben muß demnach darauf gerichtet sein, alle Stoßwirkungen und Wirbelbildungen beim Vorwärtsfliegen nach Möglichkeit zu vermeiden; dies aber zu erreichen, ist die ebene Flügelform durchaus ungeeignet. Es läßt sich vielmehr ganz allgemein folgern, daß man mit der Luft, die beim Fliegen vorteilhaft tragen soll, meistens zu roh umgegangen ist. Die Luft, welche uns bei geringstem Aufwand von mechanischer Arbeit tragen soll, darf nicht durch ebene Flächen zerrissen, geknickt und gebrochen, dieselbe muß vielmehr durch richtig gewölbte Flächen gebogen und sanft aus ihren Lagen und Richtungen abgelenkt werden. Der Wind, welcher unter unseren Flügeln hinstreicht, darf nicht auf ebene Flächen stoßen, sondern muß Flächen vorfinden, denen er sich anschmiegen kann, und an diese Flächen wird er dann, wenn auch allmählich, so doch möglichst vollkommen seine lebendige Kraft zur Tragewirkung bei möglichst geringer zurücktreibender Wirkung abgeben.

Ist diese Ansicht die richtige, daß in der Vermeidung von Wirbelbewegungen dasjenige Princip verborgen liegt, welches uns vielleicht einmal in den Stand setzt, die Luft wirklich zu durchfliegen, so kann man fast mit geschlossenen Augen den Geheimnissen des Luftwiderstandes nachspüren; denn schon unser Ohr verrät uns, ob wir es mit reineren Wellenbewegungen oder mit vielen kraftverzehrenden Nebenwirbeln zu thun haben. In dieser Überzeugung aber werden wir den, auch bei großen Geschwindigkeiten noch geräuschlos durch die Luft geführten, hebenden Flächen den Vorzug geben gegenüber denjenigen Flächen, die sich nicht ohne stärkeres Rauschen mit derselben Geschwindigkeit durch die Luft führen lassen. Auch nach dieser Analyse, bei welcher das Ohr den Ausschlag giebt, trägt die Form des gewölbten Vogelflügels den Sieg davon.

Aber noch von anderen Gesichtspunkten aus unterscheiden sich ebene und gewölbte Flächen. Durch die gewölbte Fläche wird die an ihr vorbeistreichende Luft, wenn auch nicht ganz so glatt, wie in Figur 30, so doch immerhin bogenförmig aus ihrer Bahn gelenkt. Die vorher geradlinige Bewegung des Luftstromes wird annähernd kreisbogenförmig werden, und zwar sowohl unterhalb als oberhalb von der Fläche. Diese krummlinige Bewegung der Luftteilchen entspricht aber einer ganz bestimmten Centrifugalkraft, mit welcher diejenigen Teile der Luft, welche unter der Fläche hindurchgehen, von unten auf die Fläche drücken, während diejenigen, welche über die Fläche hinweggleiten, sich von der Fläche zu entfernen streben und eine ebenfalls nach oben gerichtete Saugewirkung hervorrufen. Die Centrifugalkraft der an der gekrümmten Fläche vorbeitreibenden Luft wirkt also beiderseits hebend auf die Fläche, und wenn man den wirklich gemessenen Luftwiderstand als durch reine Centrifugalkraft entstanden annimmt, so ergiebt sich rechnungsmäßig ein Resultat, das mit unserer Vorstellung im Einklange steht. Worin aber eine derartige centrifugale Wirkung vollkommen mit den Luftwiderstandsgesetzen übereinstimmt, das ist die Zunahme mit dem Quadrat der Geschwindigkeit.

Eine derartige Anschauungsweise fällt nun aber bei der Luftwiderstandswirkung der ebenen Fläche vollständig fort, und hierin dürfen wir ebenfalls eine Erklärung für den großen Kontrast in den Widerständen beider Flächen erblicken.

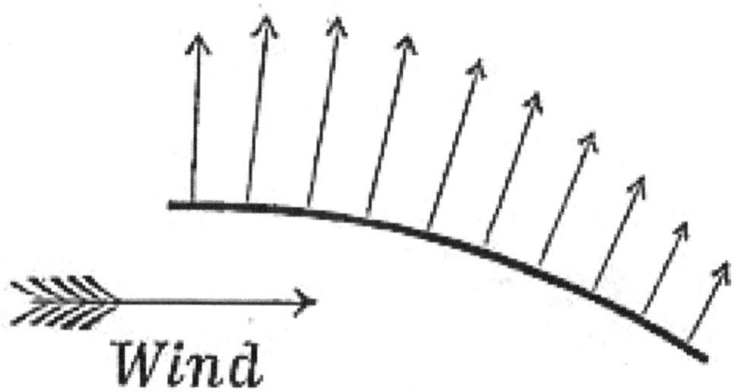

Fig. 31.

Wir hatten nun zweierlei Unterschiede in den Wirkungen der gewölbten gegenüber der ebenen Fläche gefunden, einmal die Vergrößerung des hebenden Luftdruckes und andererseits die mehr nach vorn gerichtete Neigung dieses Druckes bei der gewölbten Fläche. Aus letzterem kann man schließen, daß auf der vorderen Hälfte der Wölbung auch ebenso wie bei der ebenen Fläche der Druck an sich etwas größer ist als auf der hinteren Hälfte, die Druckverteilung also mehr jene Flächenelemente begünstigt, deren Normalen mehr der Luftbewegung entgegen gewendet sind. Man hat sich also vorzustellen, daß die Druckverteilung im Querschnitte etwa aussieht wie Fig. 31. Aus solcher Druckverteilung würden dann auch Mittelkräfte hervorgehen können, die, wenigstens für gewisse günstigste Fälle, statt der hemmenden Komponente eine treibende Komponente erhalten.

26. Der Einfluß der Flügelkontur.

Die im vorigen Abschnitt erwähnte Analyse des Luftwiderstandes mittelst des Gehörs läßt sich auch auf die Einwirkung der Umfassungslinie der zu untersuchenden Flächen auf den Widerstand anwenden, und gab thatsächlich für uns den ersten Anlaß, unser Augenmerk hierauf zu richten.

Zunächst sieht man ein, daß es nicht gleichgültig ist, ob man eine schräg gestellte oblonge Fläche der Länge nach oder der Quere nach durch die Luft führt.

Wenn auch in Fig. 32 die beiden in der Ansicht von oben gezeichneten ebenen Flächen *A* und *B* gleiche Größe, gleiche Neigung und gleiche Geschwindigkeit haben, so ist doch ein Unterschied im Luftwiderstand vorhanden, der auf stärkere Wirbelbildung bei *A* deutet und die Fläche *A* wird stärker rauschen wie *B*.

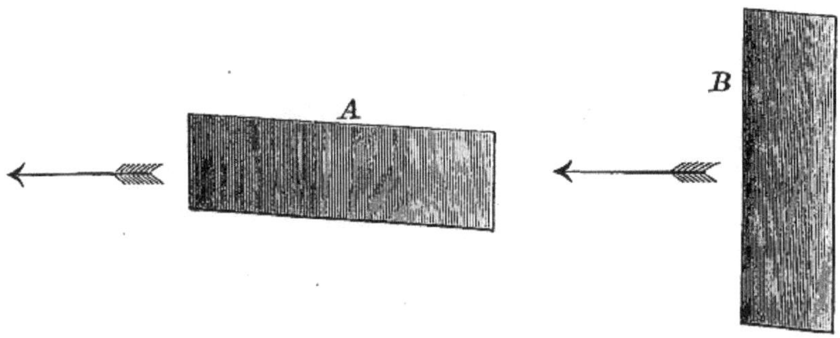

Fig. 32.

Mit der im vorigen Abschnitt entwickelten Wellentheorie steht diese Erscheinung im vollkommenen Einklang. Die Fläche *B* wird, wenn sie auch eben ist, immer noch eine unvollkommene Luftwelle erzeugen und zwar eine Welle von einer gewissen Breite. An den kürzeren Seitenkanten der Fläche *B* werden beim Durchschneiden der Luft ebenfalls sich Wirbel bilden, die auch noch Verluste geben und Geräusch verursachen; es wird überhaupt ein Teil der Luft nach den Seiten ungenützt abfließen. Der hierdurch wegen der Kürze der Seitenkanten bei *B* entstandene geringe Nachteil wird bei der Fläche *A* aber überwiegend größer sein, weil hier die Seitenkanten den größeren Teil des ganzen Umfanges ausmachen. Die Luft, welche unter die kurze Vorderkante der Fläche *A* tritt, wird überhaupt gar nicht unter der Hinterkante hindurchgehen, sondern schon seitlich einen Weg sich suchen und die Fläche verlassen. Von einer Wellenbildung im günstigen Sinne wird daher bei der Fläche *A* noch weniger die Rede sein können als bei *B*, die

Fläche *A* wird also mehr Luftwirbel hervorrufen und daher ein stärkeres Geräusch verursachen als *B*.

Während nun bei der Bewegung einer ebenen Fläche senkrecht gegen die Luft nur der Flächeninhalt für die Größe des Luftwiderstandes maßgebend war, ohne Rücksicht auf die Form der Fläche, zeigt sich, daß bei schrägen Bewegungen von ebenen Flächen die Umfangsform nicht ohne starken Einfluß auf den entstehenden Luftwiderstand ist.

Es fragt sich jetzt, in welcher Weise eine möglichst vollkommene Wellenbewegung ohne Wirbel bei der Bewegung einer gewölbten Fläche gedacht und gemacht werden kann; denn auch hier wird die Welle eine gewisse Breite, je nach der Ausdehnung der gewölbten Fläche, besitzen.

Fig. 33.

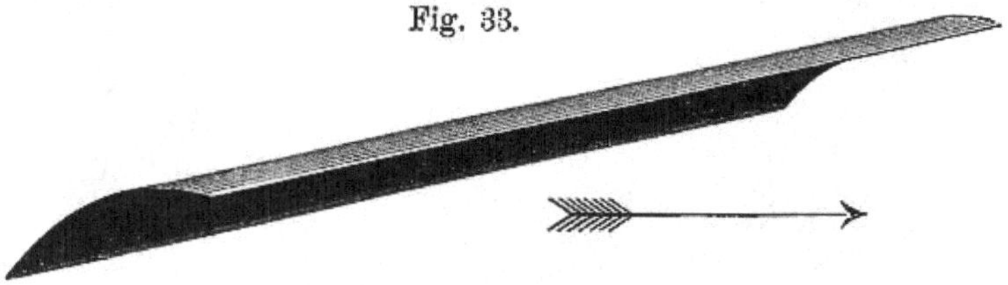

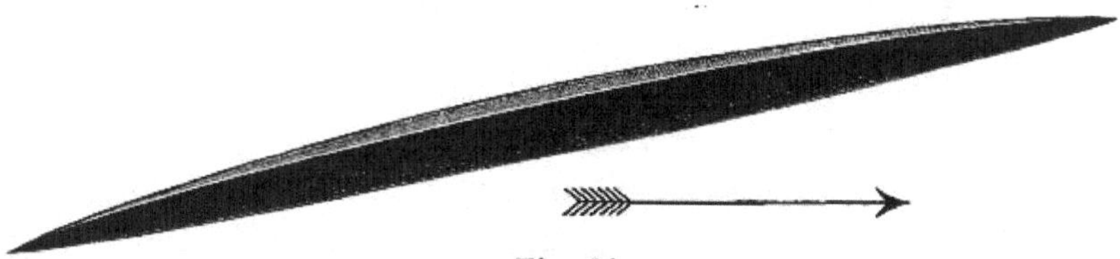

Fig. 34.

Ist eine solche Fläche, die im übrigen allen Anforderungen für gute Luftwiderstandsleistungen entsprechen mag, an den Seiten stumpf abgeschnitten, wie Fig. 33 zeigt, so müssen auch hier an den Seiten Wirbel sich bilden; denn die entstandene Welle kann nicht scharf an ruhende oder geradlinig sich fortbewegende Luft grenzen.

Um dies zu vermeiden, müssen wir dafür sorgen, daß die Wellenbewegung nach den Seiten zu allmählich abnimmt und kein plötzliches Ende findet. Dieses läßt sich aber dadurch erreichen, daß die Fläche seitlich in Spitzen ausläuft, wodurch die Welle seitlich nach und nach schwächer wird, bis sie schließlich ganz aufhört. Die Kontur der Fläche muß beiderseits also zugespitzt sein wie Fig. 34.

Fig. 35.

Die Natur belehrt uns ebenfalls, daß die gefundenen Verhältnisse wohl am Ende die richtigen sind; denn außer der hohlen Form, welche sich bei allen Vogelflügeln findet, zeigt sich auch das Auslaufen der Flügel in Spitzen. Vogelflügel aber, welche nicht in einer Spitze endigen, lösen sich mit Hülfe der Schwungfedern in mehrere Spitzen auf, als Andeutung dafür, daß hier die tragende Luftwelle in mehrere kleinere Wellen aufgelöst ist, was ja ebenfalls zu einem allmählichen seitlichen Übergang der Hauptwelle in die umgebende Luft führen kann.

Daß aber endlich der Aufriß solcher Flugflächen unter Innehaltung dieser Merkmale dennoch verschieden sein kann, lehren die Typen von Flugflächen in Fig. 35. Man sieht die Schwungfedergliederung beim Storch und Gabelweih, während die übrigen Vögel, die Taube, die Möwe und die Schwalbe, wie auch die Fledermaus geschlossene Flügelflächen zeigen.

27. Über die Messung des Luftwiderstandes der vogelflügelartigen Flächen.

Aus der Gesamtheit der vorstehenden Entwickelungen geht hervor, daß, wenn die Luftwiderstandsgesetze im allgemeinen als die Fundamente der Flugtechnik bezeichnet werden können, die Kenntnis der Widerstandsgesetze gewölbter vogelflügelartiger Flächen im besonderen die Grundlage für jede weitere wirkungsvolle Bethätigung auf dem Gebiete des aktiven Fliegens bilden muß.

Ebenso undankbar wie bei der ebenen Fläche dürfte es sein, die Widerstände bei gewölbten Flächen rein theoretisch zu berechnen. Allerdings lassen sich eine ganze Reihe interessanter theoretischer Betrachtungen und Berechnungen über diese Widerstände anstellen; auch kann man die dynamische Wirkung der durch gewölbte Flächen allmählich aus ihrer Lage oder Bahn gelenkten Luft sogar richtiger theoretisch beurteilen, als dies bei der ebenen Fläche unter schräger Bewegung der Fall ist, doch findet der Vorgang offenbar nicht ganz so einfach statt, als wie er in Fig. 30 dargestellt wurde. Die dort zur Anschauung gebrachte Vorstellung sollte auch nicht zur Berechnung des Luftwiderstandes dienen, sondern nur gewisse charakteristische Unterschiede zwischen den Wirkungen der ebenen und gewölbten Fläche möglichst in die Augen fallend kennzeichnen.

Um den Luftwiderstand, den die gewölbte Flugfläche unter den verschiedenen Neigungen ergiebt, wirklich kennen zu lernen, sind wir lediglich auf den Versuch angewiesen. Nur durch wirkliche Kraftmessungen können wir brauchbare Zahlenwerte erhalten, die zur Aufklärung der Vorgänge beim Vogelfluge beitragen und der Flugtechnik von Nutzen sind.

Es giebt nun zwei Wege, diese Zahlenwerte zu beschaffen. Einmal kann die Fläche in ruhender Luft bewegt werden, das andere Mal kann die ruhende Fläche durch Wind getroffen werden.

Für den ersten Fall ist man auf eine kreisförmige Bewegung der Fläche angewiesen und muß sich eines Rotationsapparates wie Fig. 14 bedienen. Geradlinige Flächenbewegungen würden Mechanismen erfordern, die größere Nebenwiderstände besitzen, also stärkere Fehlerquellen aufweisen. Der Rotationsapparat besitzt, wenn richtig angeordnet, verhältnismäßig geringe anderweitige Widerstände. Diese Methode schließt dadurch aber zwei andere Übelstände in sich. Erstens ist die Bewegung keine geradlinige und zweitens kommt nach einer halben Umdrehung die Versuchsfläche schon in die Region der aufgerührten, also nicht mehr in Ruhe befindlichen Luft, wodurch Fehlerquellen entstehen. Beide Nachteile nehmen ab mit dem

Durchmesser des durchlaufenen Kreises, es wird also vorteilhaft sein, solche Rotationsapparate recht groß auszuführen.

Der zweite Fall, in welchem durch Wind an der stillgehaltenen Fläche der Luftwiderstand entsteht, hat den Vorteil der geradlinigen Luftbewegung, aber der Wind schwankt in der Stärke fast in jeder Sekunde und nur mühsam lassen sich die Augenblicke erhaschen, wo durch einen Windmesser die richtige auch auf die Versuchsfläche wirkende Windgeschwindigkeit angegeben wird. Hier bleibt nur übrig, durch recht zahlreiche Versuche sich gute Mittelwerte zu verschaffen.

Von uns sind nun beide Methoden der Messung wiederholt zur Anwendung gebracht, weil es uns von Wichtigkeit zu sein schien, gerade die Widerstände der gewölbten Flächen möglichst genau kennen zu lernen und mit der einen Methode die andere Versuchsart zu kontrollieren, indem uns nicht bekannt war, daß von anderer Seite ähnliche Versuche vorlagen, die einen Vergleich gestatteten.

Um annähernd die Wölbung zu bestimmen, welche ein Vogelflügel hat, wenn der Vogel mit den Flügeln auf der Luft ruht, giebt es ein einfaches Verfahren.

Ein toter sowie ein nicht in Thätigkeit befindlicher lebender Vogelflügel werden gewölbter erscheinen, als sie beim Fluge sind; denn die im ungespannten Zustande stärker nach unten gekrümmten Federn biegen sich durch den von unten auf dieselben drückenden Luftwiderstand etwas gerader, wenn der Flügel in Benutzung ist.

Fig. 36.

Diese Biegung der Federn kann man nun auch dadurch entstehen lassen, daß man einen frischen Vogelflügel in umgekehrter Lage nach Fig. 36 mit seinen Armteilen befestigt und mit Sand, der so viel wiegt, als die reichliche Hälfte des Vogelgewichtes beträgt, auf der hohlen Seite belastet. Der Flügel wird dann annähernd die Wölbung annehmen, die er beim Fluge in der Zeit des Niederschlages oder beim Segeln hat. Die punktierte Lage in Fig. 36 giebt die Flügelwölbung vor der Belastung.

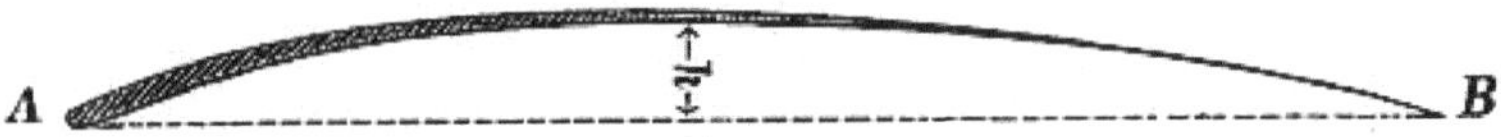

Fig. 37.

Bei gut fliegenden Vögeln findet man nur eine schwache Wölbung des Flügelquerschnittes, deren Pfeilhöhe *h* in Fig. 37 1/12-1/15 der Flügelbreite *AB* ausmacht. Schlechtfliegende Vögel, wie alle Laufvögel, haben sehr stark gewölbte, die gut und schnell fliegenden Seevögel dagegen sehr schwach gewölbte Flügel.

28. Luftwiderstand des Vogelflügels, gemessen an rotierenden Flächen.

Es sollen nun die Versuchsresultate angegeben werden, welche man erhält, wenn man vogelflügelförmige Körper am Rotationsapparat auf ihren Luftwiderstand untersucht; und zwar beziehen sich die hier angegebenen Werte auf die Verwendung eines großen Rotationsapparates, dessen Kreisbahn 7 m Durchmesser hatte, und bei welchem die Versuchsflächen 41/2 m über dem Erdboden schwebten. Die Aufstellung dieses Apparates war im Freien gemacht und die Versuche wurden nur bei vollkommener Windstille ausgeführt. Gebäude und Bäume standen nicht in solcher Nähe der von den Flächen beschriebenen Kreisbahn, daß ein störender Einfluß befürchtet werden mußte. Trotzdem war die Lage eine geschützte durch die in einiger Entfernung den Versuchsplatz umgebenden dichten und hohen Bäume, so daß an vielen Sommerabenden sich Gelegenheit zu Versuchen bot.

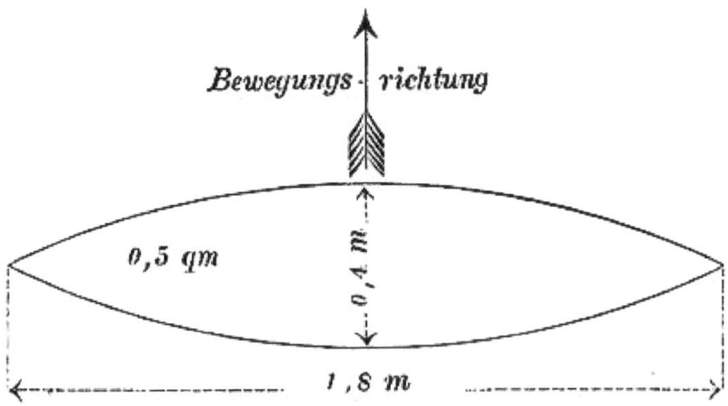

Fig. 38. (Mafsstab 1:25.)

Die Fläche der beiden Versuchskörper betrug in allen Fällen je 1/2 qm. Der gefundene Gesamtwiderstand bezog sich also auf eine Fläche von 1 qm. Als Außenkontur wurde die längliche beiderseits zugespitzte Form angewandt, nach Fig. 38, bei einer Breite von 0,4 m und einer Länge von 1,8 m.

Die Herstellung der Versuchskörper oder Versuchsflächen, sowie die Formgebung ihres Querschnittes war in verschiedener Weise erfolgt.

Fig. 39. 

Fig. 40. 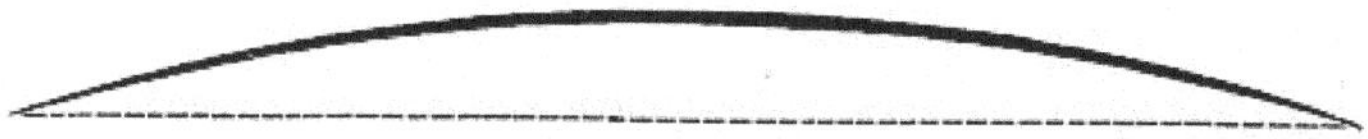

Fig. 41. 

Fig. 42. 

Fig. 43. 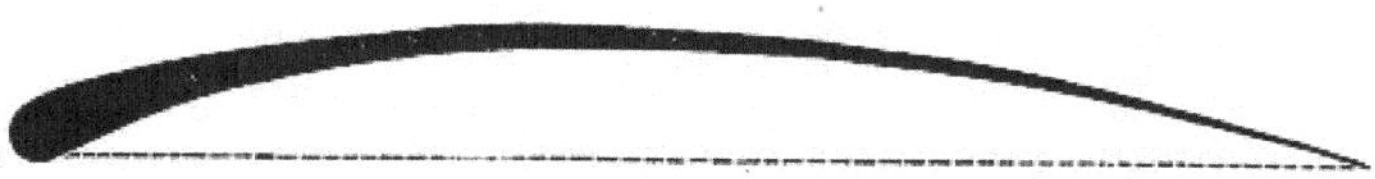

Bewegungsrichtung.

Maßstab 1 : 5.

Auf den ersten Blick scheint es, als wenn der Ausfall des Luftwiderstandes hervorragend günstig sein müßte, wenn die Fläche so dünn wie möglich genommen wird. Aus diesem Grunde machten wir daher auch Versuchsflächen aus dünnem Blech. Die Festigkeit derartiger selbst stärker gewölbter Flächen von 1/2 mm starkem, hart gehämmertem Messingblech ist aber nicht ausreichend zu den in Rede stehenden Versuchen; vielmehr mußten wir den Flächenumfang mit 4 mm starkem Stahldraht einfassen, um die erforderliche Stabilität zu erzielen. Es ergiebt sich dann ein Querschnitt nach Fig. 39 in 1/5 Maßstab.

Diese Querschnittform hatte aber nicht ganz so günstige Verhältnisse für den Luftwiderstand als die folgenden; denn der Vorteil, den die geringe Dicke des Bleches bieten mag, wird aufgewogen durch den störenden Einfluß der verstärkten Ränder.

Fast gleich gute Resultate ergaben die Querschnitte Fig. 40-43. Ob die Fläche in ihrer ganzen Ausdehnung gleichmäßig dünn war, etwa 6 mm stark, wie in Fig. 40, oder ob in der Mitte, wie in Fig. 41, eine größere Verdickung sich befand, oder ob diese Verdickung mehr nach vorn zu lag, wie in Fig. 42, das verursachte keinen meßbaren Unterschied. Bei einer Breite von 400 mm konnten diese allmählichen Verdickungen bis zu 16 mm, also bis 1/25 der Flächenbreite betragen, ohne schädlichen Einfluß für den entstandenen Luftwiderstand. Wider Erwarten zeigte sich aber auch dann noch kein Nachteil, wenn diese Flügelverdickung abgerundet an der Vorderkante lag, wie bei Fig. 43. Es hatte sogar den Anschein, als ob diese Form besonders günstige Luftwiderstandsverhältnisse besitze, also viel hebenden und wenig hemmenden Widerstand gäbe, vorzüglich bei Bewegung unter ganz spitzen Winkeln, jedoch nur, wenn die Vorderkante und nicht die Hinterkante die Verdickung trug.

Im allgemeinen war der Unterschied in dem Verhalten der Flächen mit den Querschnitten 39-43 kein großer und die angegebenen Resultate beziehen sich gleichzeitig auf alle diese Flügelformen.

Die Versuchskörper mit den Querschnitten, Fig. 40-43, wurden von uns aus Elsenholz hergestellt. Die ganz schwachen Wölbungen erzielten wir durch einseitiges Bekleben dünner Bretter mit Papier, wodurch die Flächen hohl gezogen wurden. Stärker gewölbte Formen wurden aus massivem Holz ausgearbeitet. Mit der abnehmenden Breite der Fläche änderte sich der Querschnitt so, daß immer eine ähnliche Form in proportionaler Verkleinerung blieb.

Die Form, Fig. 43, wurde von uns auch dadurch hergestellt, daß an der Vorderkante eine stärkere nach beiden Seiten spitz auslaufende Weidenrute eingelegt war, an welche sich gekrümmte Querrippen ansetzten, die dann beiderseits mit geöltem Papier bespannt wurden, und sowohl oben wie unten glatte Flächen bildeten.

Diese letzte Querschnittform, Fig. 43, hat auch der Vogelflügel an seinem Armteil, wo an der Vorderkante durch die Knochen eine stärkere Verdickung vorhanden ist. Wie der Versuch es ergab, stört diese Verdickung in keiner Weise den Flugeffekt, wenn nur nach der Flügelspitze die Verdickung auch verschwindet.

Die verschiedenartige Ausführung unserer Versuchskörper überzeugte uns, daß die Metalle überhaupt zum Flügelbau nicht zu gebrauchen sind, und daß die Zukunftsflügel wahrscheinlich aus Weidenruten mit leichter Stoffbespannung bestehen werden. Auch Bambusrohr paßt sich den Flügelformen nicht so leicht an, wie das konisch gewachsene Weidenholz, das dennoch in gewissem Grade ohne Nachteil bearbeitet werden kann, sich im feuchten Zustande beliebig biegen läßt und bei außerordentlicher Leichtigkeit sehr zähe ist.

Weidenholz bricht erst bei einer Beanspruchung von 8 kg pro Quadratmillimeter, kann aber mit guter Sicherheit dauernd mit 2-3 kg beansprucht werden. Es ist dabei das leichteste aller Hölzer mit dem specifischen Gewicht 0,33. Das Aluminium ist 8mal so schwer, aber kaum 4mal so stark.

Gegenüber dem Einwand, daß Aluminium in Form konischer Röhren verwendet werden könne und dadurch besonders leichte Konstruktionen gäbe, läßt sich anführen, daß Weidenruten sich auch leicht hohl ausbohren lassen, weil der Bohrer mit einer geeigneten stumpfen Centrierspitze sich in dem Mark genau in der Mitte führt. Durch Bohrer von verschiedener Stärke kann man dann der äußeren konischen Form entsprechend die Höhlung ebenfalls nach der Spitze verjüngt ausführen.

Die im vorstehenden beschriebenen Versuchsflächen wurden nun mit verschieden gekrümmten Querschnitten ausgeführt und auf ihren Luftwiderstand erprobt. Als Tiefe der Höhlung oder Stärke der Wölbung galt die Tiefe des Hohlraumes unter der Fläche, und als Größe der Fläche die Größe ihrer Projektion.

Wie bei den Versuchen mit der ebenen Fläche beschrieben, ließ sich am Rotationsapparat der Luftwiderstand zunächst in Form von zwei Komponenten messen und darauf in Größe und Richtung ermitteln.

Für eine schwache Wölbung von 1/40 der Breite, also bei einer größten Pfeilhöhe der Höhlung von 1 cm, gilt nun das Diagramm Tafel II.

Fig. 1 Tafel II giebt die Luftwiderstände in Größe und Richtung, welche entstehen, wenn die Fläche mit dem Querschnitt *ab* unter verschiedenen Neigungen nach der Pfeilrichtung bewegt wird.

Der größte Luftwiderstand entsteht, wenn die Fläche die Lage *fg*, also die Neigung 90° hat. Dieser Luftwiderstand sei von *c* aus nach rechts angetragen in der Linie *c* 90°.

Wenn nun z. B. die Fläche die Lage *de* und Neigung 20° hat, so entsteht bei derselben absoluten Geschwindigkeit der Luftwiderstand in Größe und Richtung von *c* 20°.

Es sind *c* 3°; *c* 6°; *c* 9° u. s. w. die Luftwiderstände für die Flächenneigungen 3°; 6°; 9° u. s. w.

Auch in der Lage *ab* für den Winkel Null erhält man noch einen hebenden Luftwiderstand *c* 0.

Auf den Luftwiderstand *c* 90° haben schwache Wölbungen keinen Einfluß, wie das Experiment bewiesen hat; derselbe ist daher bekannt und jederzeit nach der Formel: $L = 0{,}13 \times F \times v2$ zu berechnen.

Das Verhältnis der Luftwiderstände bei gleicher Geschwindigkeit, aber verschiedener Neigung zu diesem normalen Luftwiderstand wird durch das Diagramm auf Tafel VII angegeben und kann dort direkt abgelesen werden an der tiefsten klein punktierten Linie. Die Richtung der Luftwiderstände aber ergiebt sich aus Tafel II.

Für eine ganz schwach gewölbte Fläche, welche nur um 1/40 ihrer Breite hohl ist, kann man hiernach den Luftwiderstand bei jeder Neigung von 0°-90° in Größe und Richtung bestimmen.

Wenn die Fläche stärker gewölbt ist, so daß die Höhlung 1/25 der Breite beträgt, so erhält man analog die Fig. 1 auf Tafel III und auf Tafel VII die zweite klein-punktierte Linie.

Der Widerstand *c* 90° ist wieder gleich demselben *c* 90° auf Tafel I und Tafel II, aber die anderen Widerstände sind nicht unwesentlich größer geworden, auch etwas anders gerichtet. Auffallend zugenommen hat der Luftwiderstand bei 0°, derselbe hat schon mehr hebende Wirkung erhalten. Diese Hebewirkung hört erst auf, wenn die Vorderkante der Fläche tiefer liegt als die Hinterkante und zwar bei einer Neigung von -4°.

Noch auffallendere Erscheinungen zeigen sich, wenn man der Fläche 1/12 der Breite zur Höhlung giebt. Dann erhält man die Widerstände auf Tafel IV Fig. 1. Auch hier ist *c* 90° noch nach der Formel: $L = 0{,}13 \times F \times v2$ zu berechnen, also die Bewegung dieser Fläche senkrecht gegen die Luft von keinem anderen Widerstand begleitet, als wenn die Fläche eben wäre. Aber bei den anderen Neigungen weicht der Luftwiderstand ganz erheblich von demjenigen ab, der bei der ebenen Fläche unter gleichen Neigungen und gleichen Geschwindigkeiten entsteht.

Zum Vergleich sind auf Tafel IV Fig. 1 die Widerstände der ebenen Fläche punktiert eingetragen. Hierdurch zeigen sich jetzt auffallend die Vorteile der gewölbten gegenüber der ebenen Fläche in ihrer Verwendung beim Fliegen.

Auf Tafel VII sieht man auch zwar deutlich, daß die Wölbung einer Fläche für spitze Bewegungswinkel bis 20° den Widerstand ungefähr verdoppelt, aber auf Tafel IV erkennt man außerdem die günstigere Richtung, welche die Luftwiderstände der gewölbten Fläche besitzen, und wodurch letztere gerade ihre gute Brauchbarkeit beim Vorwärtsfliegen erlangt.

Wenn man nun die Wölbung noch stärker macht als 1/12 der Breite einer Fläche, so nehmen die hervorgehobenen guten Eigenschaften wieder ab; der Luftwiderstand erhält wieder eine geringere hebende Komponente und bekommt dadurch eine ungünstigere Richtung.

Wir müssen daher eine Höhlung von 1/12 der Breite als die günstigste Wölbung eines Flügels bezeichnen, wenigstens bei den für diese Messungen angewendeten Geschwindigkeiten, welche bis zu 12 m pro Sekunde betrugen.

Es ist möglich, daß bei noch größeren Geschwindigkeiten etwas schwächere Wölbungen die vorteilhaftesten Verhältnisse geben; die Andeutung hierfür war vorhanden.

29. Vergleich der Luftwiderstandsrichtungen.

Ähnlich wie dieses für die ebene Fläche auf Tafel I geschehen ist, kann man auch für die Luftwiderstände der gewölbten Flächen Diagramme herstellen, in welchen man die Luftwiderstände nach ihren Richtungen zur Fläche vergleichen kann.

Analog der Fig. 2 auf Tafel I kann man dann die Figuren 2 auf Tafel II, III und IV bilden, bei denen die Fläche horizontal bleibend gedacht wird, während ihre Bewegung nach den verschiedenen Richtungen schräg abwärts mit gleicher absoluter Geschwindigkeit erfolgt.

Es entstehen diese Figuren aus den Figuren 1 dadurch, daß man jede dort gezeichnete Luftwiderstandslinie so viel nach links dreht, bis die zugehörige Fläche horizontal liegt. Jede Linie muß also so viel um den Punkt *c* gedreht werden, als der Gradvermerk an ihrem anderen Ende beträgt.

Jetzt aber zeigt sich noch auffallender die charakteristische Eigentümlichkeit der gewölbten Flächen gegenüber der ebenen Fläche. Man bemerkt, daß die Richtung des Luftwiderstandes nicht bloß der Normalen zur Fläche sehr nahe kommt, sondern bei gewissen Winkeln die Normale sogar überschreitet, d. h. daß die hemmende Komponente sich hier in eine treibende Komponente verwandelt.

Es haben also die gewölbten Flächen die Eigenschaft, daß dieselben, horizontal gelagert und unter gewissen Winkeln schräg abwärts bewegt, selbständig die horizontale Geschwindigkeit zu vergrößern streben.

Hieraus erklärt sich unter anderem auch das labile Verhalten schwach gewölbter Fallschirme.

Leichte, aus schwach gewölbten Flächen bestehende Körper beschreiben beim freien Fallen in der Luft sehr eigentümliche Linien und selbst jedes von unserem Schreibtische gleitende Löschblatt mahnt uns durch sein labiles Verhalten an besondere den gewölbten Flächen innewohnende Eigenschaften.

Die treibende Komponente ist nach den Diagrammen Fig. 2 auf Tafel II, III und IV am größten, wenn die Flächen annähernd in der Richtung der Tangente zur Vorderkante bewegt werden. Dies ist aber derjenige Fall, in welchem voraussichtlich die erzeugte Wellenbildung am vollkommensten wird, und die im Abschnitt 25 und in Fig. 30 zur Darstellung gebrachte Anschauung am vollkommensten zutrifft.

Es geht hieraus ferner hervor, daß sich zum besonders schnellen Fliegen ein nur wenig gewölbter Flügel eignet, weil die Tangente der Vorderkante bei diesem auf einen absoluten Flügelweg deutet, der einer sehr großen Fluggeschwindigkeit entspricht.

30. Über die Arbeit beim Vorwärtsfliegen mit gewölbten Flügeln.

Wenn nun eine horizontal ausgebreitete, etwas nach oben gewölbte Fläche bei horizontaler Bewegung schon einen namhaften Auftrieb erfährt, wenn ferner diese Auftriebe bei Bewegung unter spitzeren Winkeln zum Horizont bedeutend größer sind als bei ebenen Flächen, und wenn dann noch bei gewissen spitzen Winkeln die bei ebenen Flächen auftretenden hemmenden Komponenten bei der gewölbten Fläche zur treibenden Komponente werden, so ist wohl klar, daß die beim Vorwärtsfliegen mit gewölbten Flügeln erforderliche mechanische Arbeit sehr zusammenschrumpfen muß.

Man kann nun ebenso wie in Abschnitt 20 für die ebenen Flügel hier für die gewölbten Flügel berechnen, wie sich die Flugarbeit in den verschiedenen Graden des Vorwärtsfliegens gegen die Arbeit beim Fliegen auf der Stelle verhält.

Wenn man diese letztere Arbeit wieder mit A bezeichnet, so erhält man die in den Figuren 2 auf Tafel II, III und IV gegebenen Verhältniszahlen für die Arbeit beim Vorwärtsfliegen, bei der die Flügel in ihrer ganzen Ausdehnung unter den näher bezeichneten Winkeln sich abwärts bewegen.

Das Minimum liegt für die günstigste Wölbung bei 15° und beträgt nach Tafel IV 0,23A. Dieses entspricht einer Fluggeschwindigkeit, die 4mal so groß ist als die Abwärtsgeschwindigkeit der Flügel, wenn letztere wieder parallel mit sich bewegt gedacht werden. Hierbei braucht man also noch nicht 1/4 von der Arbeit, welche nötig ist, wenn kein Vorwärtsfliegen stattfindet.

Während also bei Anwendung ebener Flügel nach Abschnitt 20 und Tafel I Fig. 2 etwa 1/4 der Flugarbeit gespart werden konnte, so ergiebt die gewölbte Fläche hier eine Arbeitsersparnis von mehr als 3/4.

Es ist fraglich, ob man beim Vorwärtsfliegen auch die Vorteile der Flügelschlagbewegung in demselben Maße genießt, wie beim Fliegen auf der Stelle. Daß diese Vorteile in gewissem Grade eintreten müssen, ist wahrscheinlich. Würde die Schlagbewegung fast in demselben Grade kraftersparend auftreten, dann reduzierte sich die Flugarbeit auf etwa 1/4 von derjenigen als beim Fliegen auf der Stelle, wenn man mit Flügeln, die um 1/12 der Breite hohl sind, 4mal so schnell vorwärts fliegt als die Flügel abwärts bewegt werden. Bei sehr großen und leichten Flügeln war nach Abschnitt 18 die Arbeit des Menschen beim Fliegen auf der Stelle 1,5 HP. Für den mit vorteilhaft gewölbten Flügeln vorwärtsfliegenden Menschen stellte sich daher unter diesen höchst wahrscheinlich nicht zu erreichenden günstigsten Verhältnissen die zu leistende Arbeit auf 1,5 × 1/4 HP oder auf cirka 0,4 HP. Diese Arbeit würde vom Menschen auch nur auf kurze Zeit geleistet werden können. Wir müssen also noch vorteilhaftere Wirkungsweisen herausfinden, wenn die physische Kraft des Menschen ausreichen soll, um ihn mit Flügeln in der Luft gehoben zu erhalten.

Der bisher erreichte und lediglich in einer richtigen Flügelform beruhende Vorteil ist unverkennbar; es soll hier aber von einer weiteren Behandlung aus dem Grunde abgesehen werden, weil sich im folgenden erweisen wird, daß die bisher bekannt gemachten Luftwiderstandsverhältnisse für die Praxis des Fliegens nicht ohne weiteres zutreffen.

Zu diesen letzten Berechnungen ist der Luftwiderstand zu Grunde gelegt, welcher am Rotationsapparat in ruhender Luft gemessen wurde.

Es sollen nun im ferneren die analogen Untersuchungen angestellt werden unter zu Grundelegung der Luftwiderstandsverhältnisse, welche man bei Messungen im Winde findet. Es wird sich herausstellen, daß man zu ungleich günstigeren Resultaten gelangt. Bevor aber auf diese Messungen im Winde näher eingegangen wird, seien einige allgemeine Betrachtungen über das Verhalten der Vögel zum Winde angestellt.

31. Die Vögel und der Wind.

In strengerem Sinne noch als die Luft kann man den Wind als das eigentliche Element der Vögel bezeichnen. Wir haben bereits gesehen, daß der Wind den Vögeln das Auffliegen sehr erleichtert, und daß viele Vögel, wenn der zu ihrem Auffliegen erforderliche Wind nicht herrscht, durch Vorwärtshüpfen oder Laufen eine relative Luftbewegung gegen sich hervorrufen, bevor ihre wirkliche Erhebung erfolgt. Wir bemerken ferner, daß die Flugbewegungen der Vögel im Winde anderer Art sind als in ruhiger Luft. Die flatternde Bewegung bei Windstille verwandelt sich im Winde in gemessenere Flügelschläge und wird bei vielen Vögeln zum wirklichen Segeln.

Wenn nun zwar der Wind augenscheinlich kraftersparend auf den Flug der Vögel einwirkt, indem er ihr Gehobenbleiben in der Luft, wie später nachgewiesen werden soll, erleichtert, so muß doch die Ansicht, daß die Vögel überhaupt mit besonderer Vorliebe gegen den Wind fliegen, als eine irrige bezeichnet werden. Letzteres ist nur zuzugeben mit Bezug auf das Auffliegen. Wenn die Erhebung in die Luft aber erst stattgefunden hat, fallen jene Faktoren fort, welche das Erheben von der Erde erleichterten; denn dann kann der Vogel die ihm dienliche relative Geschwindigkeit gegen die ihn umgebende Luft auch erreichen, wenn er mit dem Winde fliegt; er braucht ja nur schneller zu fliegen als der Wind weht.

Auf diese relative Geschwindigkeit zwischen Vogel und umgebender Luft also kommt es an, und diese relativ gegen den Vogel in Bewegung befindliche Luft trifft den Vogel stets von vorn; der Vogel verspürt dies als einen immer nur auf ihn zuströmenden Wind. Der ganze Bau des Vogelgefieders sowohl im allgemeinen, als auch im besonderen die Konstruktion seiner Flügel mit Bezug auf die Federlagerung schließen von vorn herein aus, daß der Wind den fliegenden Vogel jemals von hinten trifft. Wenn der Vogel daher mit dem Winde fliegt, so fliegt er allemal schneller als der Wind.

Aus diesem Grunde sind auch alle jene Versuche zur Erklärung des Kreisens der Vögel, nach denen die Vögel einmal gegen den Wind gerichtet, diesen von vorn unter die Flügel wehen lassen, das andere Mal, mit dem Winde fliegend, den Wind von hinten unter die Flügel drücken lassen sollen, als ganz verfehlte Spekulation zu betrachten.

Die absoluten Geschwindigkeiten der Vögel beim Fliegen gegen den Wind und mit dem Winde sind durchschnittlich um die doppelte Windgeschwindigkeit verschieden; denn einmal kommt die Windgeschwindigkeit von der relativen Bewegung zwischen Vogel und Luft in Abzug, das andere Mal addieren sich beide zur absoluten Ortsveränderung, bei welcher der Wind stets überholt wird.

Man kann eine sekundliche Geschwindigkeit von 10 m als eine nur mittlere Vogelfluggeschwindigkeit bei Windstille und 6 m als eine sehr häufige Windgeschwindigkeit bezeichnen. Die Differenz beider, also 4 m, wäre die absolute Vogelgeschwindigkeit gegen den Wind, während der Vogel mit dem Winde die Geschwindigkeit 10 + 6 = 16 m erhält, also viermal so schnell fliegt als gegen den Wind.

Dieses Beispiel zeigt, wie stark sich die Flugschnelligkeit gegen den Wind und mit dem Winde unterscheidet. Bei stärkeren Winden ist dieser Unterschied natürlich noch viel größer.

Es ist anzunehmen, daß die Vögel bestrebt sind, diesen Unterschied in ihren absoluten Geschwindigkeiten auszugleichen, weil sie auch gegen den Wind möglichst schnell fliegen wollen, und daß dieser Unterschied nicht ganz so auffällig sich zeigt, als er eigentlich sein müßte. Trotzdem bleibt der Unterschied aber immer noch so groß, daß alles Fliegen der Vögel gegen den Wind durchschnittlich fast zweimal so lange dauert, als mit dem Winde. Man erhält demzufolge bei Beobachtung der Vögel den Eindruck, als flögen dieselben viel häufiger gegen den Wind als in der Windrichtung; und dies mag die Veranlassung gewesen sein, daß das Fliegen gegen den Wind als Erleichterung des Fliegens angesehen wurde, während es in Bezug auf das Vorwärtskommen eine entschiedene Erschwerung mit sich bringt. Man kann daher wohl auch nicht annehmen, daß die Vögel mit besonderer Vorliebe dem Wind entgegenfliegen; und wenn man dieses Entgegenfliegen viel häufiger beobachtet als das Fliegen mit dem Wind, so findet dieses seine natürliche Erklärung in dem ungleichen Zeitaufwand für beide Arten des Fliegens.

Wenn die Vögel nach Richtungen fliegen, die mit der Windrichtung einen Winkel bilden, so fühlen dieselben einen Wind, der sich aus ihrer eigenen Bewegung mit der Windbewegung zusammensetzt und der jedesmal eine andere Richtung hat als die absolute Vogelbewegung.

Ein Vogel beabsichtige z. B., wie in Fig. 44 gezeichnet, mit der absoluten Geschwindigkeit *ob* nach der Richtung *ob* zu fliegen, während der Wind mit der Geschwindigkeit *ao* weht. Die Stellung des Vogels richtet sich dann nach *oc*, weil er den Wind von *c* kommend fühlt und zwar mit der Geschwindigkeit *co*.

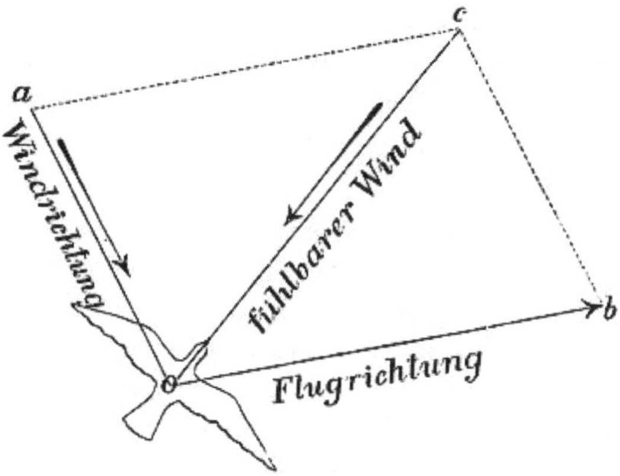

Fig. 44.

Zuweilen erreicht der Wind eine solche Stärke, daß die kleineren Vögel nicht imstande sind, gegen denselben anzufliegen. Für Krähen und Dohlen kann ich diese Windstärke annähernd angeben. Bei unseren Versuchen im Winde bemerkten wir, daß, wenn die Windgeschwindigkeit, cirka 3 m über der Erde gemessen, 12 m betrug, die genannten Vögel in cirka 50 m Höhe vergeblich gegen den Wind kämpften.

Die Windgeschwindigkeit in dieser größeren Höhe mußten wir auf 15-18 m schätzen, so daß wir annehmen konnten, daß Krähen und Dohlen gegen einen Wind von 18 m Geschwindigkeit nicht anzufliegen vermögen. Bei noch kleineren Vögeln, außer bei den Schwalben, wird diese Grenze wohl noch früher erreicht werden.

Eine größere Ausnahme bilden alle meerbewohnenden Vögel, die bis herunter zu den kleinsten Arten auch mit dem stärksten Sturme den Kampf aufnehmen.

Die großen Fliegekünstler des hohen Meeres, mit dem Albatros an der Spitze, gehen in ihrer Vorliebe für den Wind sogar so weit, daß sie jene Gegenden, welche sich durch häufige Windstillen auszeichnen, überhaupt meiden, und sich vorwiegend in solchen Breiten und solchen Meeren aufhalten, die durch regelmäßige stärkere Winde ausgezeichnet sind. Der Albatros namentlich versteht mit seinen langen und schmalen, fast säbelförmigen Flügeln sogar den Orkan zu bemeistern. Sein schwerer Körper segelt mit seinem schlank gebauten Flugapparat auf dem Sturme ruhend dahin. Nur wenig dreht und wendet er die Flügel, und der Sturm trägt ihn gehorsam, wohin er ihn tragen soll, ob mit dem Sturm oder ihm entgegen. Die Bewegung mit und gegen den Sturm unterscheidet sich durch weiter nichts als durch die Geschwindigkeit.

Man kann den Albatros sehr gut und andauernd beobachten, denn er bleibt in gewissen Gegenden, wie am Kap der guten Hoffnung, ein sehr beständiger Begleiter der Schiffe, und als Liebling der Schiffer, die sich an seinen majestätischen Bewegungen erfreuen, umspielt er das Schiff mit großer Zutraulichkeit.

Mein Bruder sah ihn oft mit erstaunlicher Sicherheit in schräger Stellung Spielräume der Takelung durchsegeln, die eigentlich seiner großen Klafterbreite nicht Raum genug boten. Man stelle sich vor, welche Gewandtheit dazu gehört, mit der Geschwindigkeit des Sturmes und der Geschwindigkeit der großen Dampfer der Australienlinie die eigene Geschwindigkeit so zu kombinieren, daß solch ein glatter Schwung, den der große Vogel sich giebt, ihn ungestraft zwischen Rahen und Taue hindurchführt.

Diese Kunststücke sind für den Albatros aber noch Nebensache; denn was er eigentlich will, drücken seine grünlichen Augen deutlich genug aus. Diese spähen ununterbrochen nach einem Leckerbissen, welchen das mütterliche Meer nicht bieten kann. Und so verstehen es diese Vögel denn auch, noch eine vierte Bewegung gleichzeitig zu verfolgen, um ihrer Freßgier zu fröhnen, nämlich die vom Schiffe ihnen zugeworfenen Küchenabfälle aus der Luft aufzufangen und sich gegenseitig abzujagen.

Sehr auffallend und charakteristisch ist noch das von uns vielfach beobachtete Auffliegen der schwimmenden Seevögel bei stärkerem Winde. Hier kann man noch deutlicher als bei dem sich in der Luft tummelnden Vogel die nackte Hebewirkung des Windes erkennen; denn oft war ich aus unmittelbarer Nähe ein Augenzeuge, wie die Möwen mit ausgebreiteten, aber vollkommen stillgehaltenen Flügeln vom Wind senkrecht von der Wasserfläche abgehoben wurden und ohne Flügelschlag ihren Flug fortsetzten. Hierbei muß jedoch ein Wind herrschen, dessen Geschwindigkeit ich auf mindestens 10 m schätze.

Unter solchen Beobachtungen wird man natürlich dahin gedrängt, den Wind direkt zu den Messungen des Luftwiderstandes heranzuziehen. Zwar bietet die Ausführung derartiger Versuche mehr Schwierigkeiten als die andere schon besprochene Methode, aber offenbar müssen sich die an den Vögeln im Winde auftretenden Erscheinungen so in reinerer Form darstellen, als wenn man diese durch eine Reihe von Schlußfolgerungen aus den Versuchen in Windstille erst ableitet. Es muß sich dann auch zeigen, ob dem Winde Eigenschaften innewohnen, welche noch besonders zur Kraftersparnis beim Fliegen beitragen können. Jedenfalls aber kann man die Gewißheit hierüber durch nichts besser erlangen, als wenn man vogelflügelförmige Flächen direkt der Einwirkung des Windes aussetzt und die entstandenen Luftwiderstandskräfte mißt.

32. Der Luftwiderstand des Vogelflügels im Winde gemessen.

Zu diesen Versuchen kann man sich eines Apparates bedienen, wie er in Fig. 45 und 46 angegeben ist. Fig. 45 zeigt die Anwendung beim Messen des horizontalen Winddruckes, während Fig. 46 angiebt, wie die vertikale Hebewirkung des Windes bestimmt wird. In beiden Fällen ist die zu untersuchende Fläche, deren Querschnitt *ab* ist, an einem doppelarmigen Hebel *omc* befestigt, der durch ein Gegengewicht *g* ausbalanciert wird, so daß er bei Windstille mit der Fläche in jeder Lage stehen bleibt.

Fig. 47.

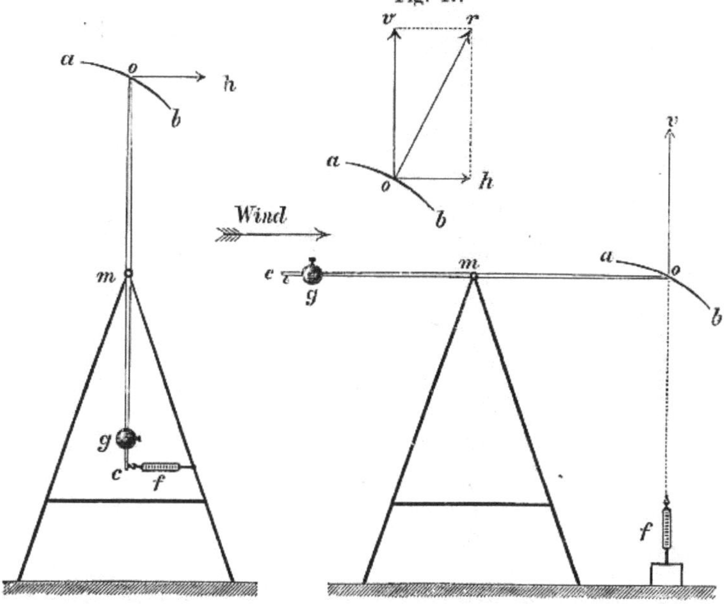

Fig. 45. Fig. 46.

Wenn nun der Wind auf die Fläche *ab* in Fig. 45 drückt, so sucht derselbe den Hebel mit einer Kraft *oh* um den Punkt *m* zu drehen. Macht man *om* = *mc*, so kann man an einer leichten in *c* angebrachten Federwage *f* direkt die Kraft *oh* ablesen. *oh* ist die horizontale Komponente des auf die Fläche ausgeübten Winddruckes.

Ganz analog wird nun nach Fig. 46 durch die Federwage *f* die vertikale Winddruckkomponente *ov* direkt gemessen. Man hat aber dafür zu sorgen, daß die Federwage stets so eingestellt wird, daß die Schwankungen des Hebels *omc* wie vorher um die vertikale, so jetzt um die horizontale Mittellage erfolgen.

Fig. 47 zeigt, wie durch Zusammensetzen von *oh* und *ov* die Resultante *or* sich bilden läßt, welche dann die genaue Größe und die wirkliche Richtung des auf die Fläche *ab* ausgeübten Winddruckes angiebt. Die zusammengehörigen Flächen *ab* in den 3 Figuren müssen zum Horizont gleich gerichtet sein und die gemessenen Kräfte auf dieselbe Windgeschwindigkeit sich beziehen.

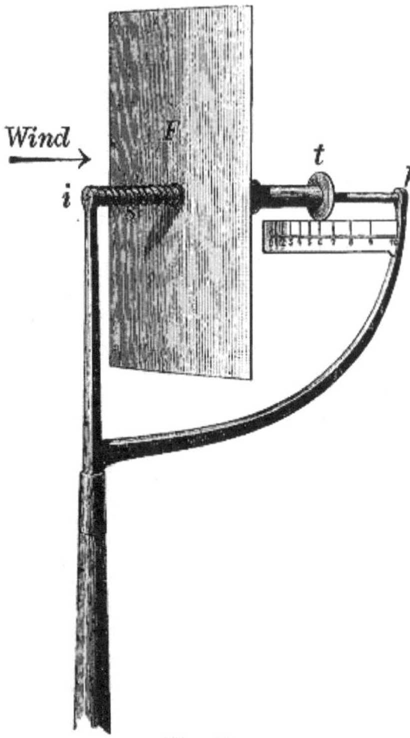

Fig. 48.

Zum Messen der Windgeschwindigkeit kann man sich eines Apparates nach Fig. 48 bedienen. Derselbe besteht aus einer, mittelst leichter Holzrahmen und Papierbespannung hergestellten Tafel *F*, die auf einer Stange *ik* leicht verschiebbar mit dem runden Teller *t* verkuppelt ist. Die Tafel *F* hängt mittelst der Spiralfeder *s* mit *i* zusammen. Wenn nun die Tafel *F* vom Wind getroffen wird, dehnt sich die Spiralfeder *s* aus, und die Tafel verschiebt sich. In gleichem Maße verschiebt sich aber auch der Teller *t* über einer Skala, und diese Letztere ist so eingerichtet, daß man an der Stelle, wo *t* gerade sich befindet, ohne weiteres die augenblickliche Windgeschwindigkeit ablesen kann.

Nach der Größe der Fläche *F* kann man leicht den Winddruck berechnen, der bei den verschiedenen Windgeschwindigkeiten entstehen muß. Ferner kann man für diesen Winddruck als Zugkraft die Federreckung bestimmen, also auch für jede Windgeschwindigkeit die Stellung des Tellers t ermessen. Auf diese Weise läßt sich die Skala mit ausreichender Genauigkeit anfertigen.

Bei den von uns angewendeten Windmessern war $F = 1/10$ qm.

Dieser Windmesser muß in der Nähe der Apparate Fig. 45 und 46 aufgestellt werden, um in jedem Augenblick die herrschende Windgeschwindigkeit in der Nähe der zu untersuchenden Fläche kennen zu lernen.

Am besten werden derartige Versuche von 3 Personen ausgeführt, von denen die eine die Windgeschwindigkeit abliest, die zweite Person die Federwage beobachtet, und die dritte Person die aufgerufenen Zahlen notiert.

Die Windgeschwindigkeit schwankt fast in jeder Sekunde, bleibt aber doch zuweilen für mehrere Sekunden konstant. Bei solchen gleichmäßigen Perioden hat der Windbeobachter die Geschwindigkeit aufzurufen, und der Beobachter der Federwage wird dann leicht den zugehörigen Winddruck angeben können. Wenn dann größere Reihen von Messungen erst für die eine, dann für die andere Komponente angestellt und notiert sind, kann man durch die Mittelwerte brauchbare Zahlen erhalten, und schließlich aus den gemessenen horizontalen und vertikalen Komponenten für die verschiedenen Flächenneigungen den wirklichen Luftwiderstand konstruieren.

Die ersten derartigen Versuche mit den beschriebenen Apparaten wurden von uns im Jahre 1874 angestellt und zwar mit seitlich zugespitzten Flächen von 1/4 qm Inhalt, die eine Höhlung von 1/12 der Breite besaßen.

Als Versuchsfeld diente die weite baumlose Ebene zwischen Charlottenburg und Spandau, welche später zur Rennbahn benutzt wurde.

Zur Kontrolle dieser Versuche unternahmen wir im Herbst 1888 mit den Flächen von der Form der Fig. 38 nochmals Messungen des Winddruckes und zwar auf der ebenfalls ganz freien Ebene zwischen Teltow, Zehlendorf und Lichterfelde, unweit der Kadettenanstalt.

Die Resultate der beiden Versuchsperioden stimmten trotz der Ungleichheit in der Größe und Verschiedenheit in der Konstruktion der angewendeten Apparate gut überein.

Das Verhältnis der Luftwiderstände für die einzelnen Neigungen der Fläche gegen den Horizont ist auf Tafel V Fig. 1 analog wie früher angegeben und zwar für die günstigste Wölbung von 1/12 der Flügelbreite.

Fig. 2 auf Tafel V giebt wieder die Abweichungen der Luftwiderstandsrichtungen zur Normalen der Fläche an.

Da derselbe Maßstab wie früher gewählt wurde, so läßt sich mit den früheren Diagrammen ein Vergleich anstellen. Außerdem ist das Diagramm von Tafel IV punktiert eingezeichnet, woraus man sieht, wie stark diese Messung im Winde von der Messung an Flächen, welche in Windstille rotieren, abweicht.

Der größte Unterschied findet sich bei den kleineren Winkeln und namentlich beim Winkel Null. Wie man sieht, wird eine horizontal ausgebreitete gewölbte Fläche durch den Wind gehoben und nicht zurückgedrückt. Auf diesen Fall, der ohne weiteres eine Erklärung für das Segeln der Vögel abgiebt, wird später näher eingegangen werden.

Zunächst kommt es auf eine Erklärung an, inwiefern ein so großer Unterschied im Luftwiderstand entstehen kann, wenn man einmal eine Fläche mit gewisser Geschwindigkeit rotieren läßt, das andere Mal dieselbe Fläche unter gleichem Winkel einem Wind von derselben Geschwindigkeit entgegenhält.

Es sollen nun in folgendem einige Experimente Erwähnung finden, welchc hierüber den nötigen Aufschluß geben werden.

33. Die Vermehrung des Auftriebes durch den Wind.

Wenn man bei den zuletzt angeführten Versuchen die vertikalen Luftwiderstandskomponenten nach Fig. 46 messen will, und die Fläche *ab* in der Richtung des Hebels *cma* nach Fig. 49 angebracht hat und, durch *g* abbalanciert, sich selbst im Winde überläßt, so stellt der Hebel sich nicht horizontal, sondern die Fläche wird, indem sie etwas auf und nieder schwankt, merklich gehoben, und ihre mittlere Stellung liegt etwa um 12° über dem Horizont. Will man die Fläche herunterziehen bis dieselbe mit dem Hebel horizontal steht, so muß man eine verhältnismäßig große Kraft anwenden, die etwa halb so stark ist, als der Luftwiderstand der Fläche quer gegen den Wind betragen würde.

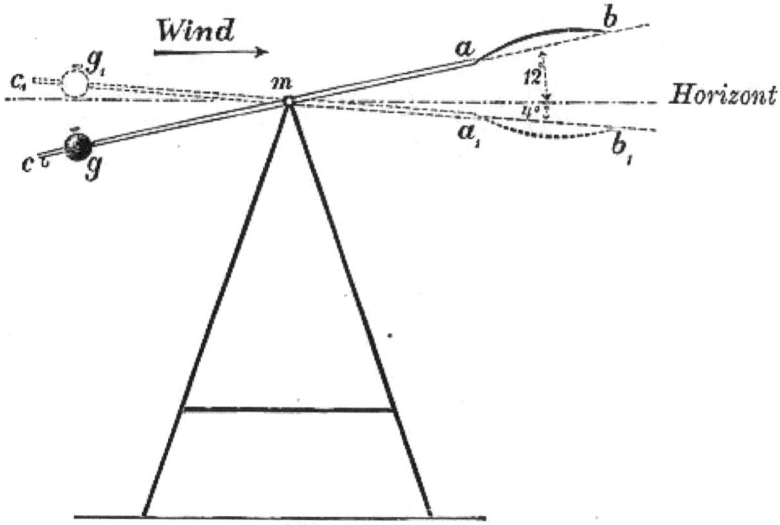

Fig. 49.

In der Lage *cmab* hat also die Fläche keinen Winddruck nach oben oder unten, oder wenigstens gleich viel Druck nach oben und unten; denn der Wind stellt sich selbst die Fläche in diese Lage ein.

Wenn man nun die Fläche *ab* umkehrt und mit der Höhlung nach oben anbringt, so entsteht die punktierte Lage *c*1*ma*1*b*1, d. h. der Hebel senkt sich an dem Ende, welches die Fläche trägt, aber nicht auch wieder um 12° unter den Horizont, sondern im Mittel nur um cirka 4°.

Hieraus folgt, daß eine Fläche ohne Wölbung, also eine ebene Fläche, in der Richtung des Hebels angebracht, sich im Winde so einstellen muß, daß der Winkel *ama*1, halbiert wird.

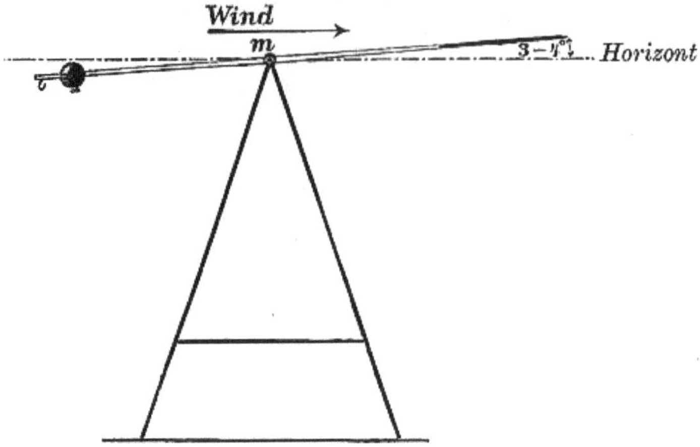

Fig. 50.

Diesen Versuch haben wir denn auch wiederholt ausgeführt. Es stellte sich dabei in der That die ebene Fläche in die beschriebene mittlere Lage, indem, wie bei Fig. 50, der Hebel mit der Fläche um 3-4° gehoben vom Winde eingestellt wurde. Wiederum war hierbei ein Auf- und Niederschwanken sichtbar, es ließ sich jedoch die mittlere Neigung deutlich genug erkennen.

Hiernach ist es klar, weshalb im Winde sich so starke Auftriebe, oder so starke hebende Komponenten ergeben; denn der Wind hat eine solche Wirkung, als sei er schräg aufwärts gerichtet, und das muß notwendigerweise die Hebewirkung sehr vermehren.

Der Apparat nach Fig. 50 bildet gewissermaßen eine Windfahne mit horizontaler Achse. Eine solche Windfahne in der Nähe von Gebäuden aufgestellt giebt Aufschluß über die bedeutenden Schwankungen des Windes nach der Höhenrichtung. An solchen Orten wechselt die aufsteigende Windrichtung mit der sinkenden sehr stark, so daß die Schwankungen oft mehr wie 90° betragen. Auf weiten kahlen Ebenen hingegen ist die Windrichtung nach der Höhe viel beständiger, wenn auch ein immerwährendes geringes Schwanken, oberhalb und unterhalb von einer gewissen Mittellage, erkennbar bleibt. Diese Mittellage befindet sich bei etwa 3,5° über dem Horizont.

Seltsamerweise zeigt sich fast keine Veränderung in dieser Erscheinung, wenn man den Apparat Fig. 50 auf etwas steigendem oder etwas fallendem Terrain aufstellt, wenn nur die Versuchsebene im großen und ganzen horizontal liegt. Unter anderem konnten wir noch die genannte Steigung der 4 m über dem Erdboden befindlichen Windfahne feststellen, wenn das Terrain auf mehr als 200 m Länge unter 5° in der Windrichtung abfiel.

Unsere zahlreichen Versuche bewiesen uns, daß die genannte Eigentümlichkeit der Windwirkung mit großer Beständigkeit auftritt. Weder die Windrichtung und Windstärke noch die Jahreszeit oder Tageszeit riefen unserer Erfahrung nach eine wesentliche Abweichung in der beobachteten Windsteigung hervor.

Hervorgerufen wird diese Eigenschaft der Luft höchst wahrscheinlich dadurch, daß die Windgeschwindigkeit nach der Höhe beträchtlich zunimmt. Wenn auf freiem Felde z. B. der Windmesser 1 m über der Erde 4 m Windgeschwindigkeit zeigt, so giebt er oft in 3 m Höhe schon 7 m sekundliche Geschwindigkeit des Windes.

Auf die Erklärung über die Entstehung dieser steigenden Windrichtung kommt es hier eigentlich nicht an. Für die Theorie des Vogelfluges und die Flugtechnik genügt die Thatsache, daß die Winde eine solche Wirkung auf die Flugflächen ausüben, als besäßen sie eine aufsteigende Richtung von 3-4°.

Um noch mehr Gewißheit über dieses für die ganze Flugfrage höchst wichtige Faktum zu erlangen, bauten wir einen Apparat wie Fig. 51, der 5 Windfahnen mit horizontalen Achsen in Höhen von 2, 4, 6, 8 und 10 m übereinander trug.

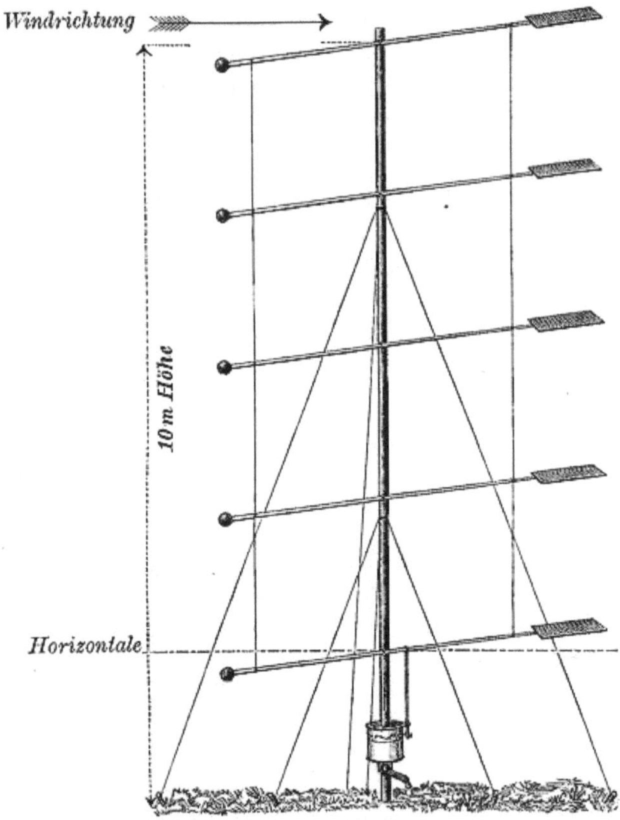

Fig. 51.

Die früher beobachtete Windsteigung von 3-4° zeigten alle 5 Windfahnen. Die Lage derselben war jedoch nicht immer parallel, sondern die Fahnen schwankten manchmal einzeln und manchmal gleichzeitig, aber verschieden stark mit ihren Richtungen.

Um eine einheitliche Wirkung zu erhalten, verbanden wir die Hebel der Windfahnen beiderseits von ihren Drehpunkten in gleichen Abständen mit feinen Drähten, wie auch in Fig. 51 angedeutet, und zwangen dieselben dadurch untereinander parallel zu bleiben. Hierdurch erhielten wir die mittlere Windsteigung bis zu 10 m Höhe über dem Erdboden.

Auch diese mittlere Windrichtung nach der Höhe schwankte um die Mittellage von 3-4° Steigung unaufhörlich auf und nieder.

Um nun über die wahre Mittellage durch diese Schwankungen keinem Irrtum anheimzufallen, haben wir durch den Wind selbst eine Reihe von Diagrammen über seine steigende Richtung aufzeichnen lassen.

Aus der Fig. 51 ist leicht ersichtlich, wie die zu diesem Zweck getroffene Einrichtung in Wirkung trat. Der unterste Windfahnenhebel verpflanzte durch eine leichte Stange die gemeinsame Bewegung der Windfahnen auf einen Zeichenstift. Letzterer bewegte sich nach der wechselnden Windsteigung daher auf und nieder. Wenn man nun einen mit Papier bespannten Cylinder, auf dem die Spitze des Zeichenstiftes mit leichtem Druck ruhte, gleichmäßig drehte, so erhielt man eine Wellenlinie auf dem Papier. Um den Grad der Schwankungen der Hebel zu erkennen, wurden zuförderst die Hebel nach der Wasserwage eingestellt, und der Papiercylinder einmal herumgedreht. Dadurch zeichnete der Stift eine gerade Linie vor, welche die Lage markierte, in welcher die Hebel horizontal standen, wo also der Wind bei freier Beweglichkeit der Hebel genau horizontal wehen mußte.

Auf diese Weise ergaben sich Diagramme, aus denen sich die mittlere Windsteigung genau ermitteln ließ. Fig. 3 auf Tafel V zeigt eine solche durch den Wind selbst gezeichnete Wellenlinie für die Dauer von einer Minute. Man sieht, daß der Zeichenstift sich meistens über der Horizontalen bewegte und im ganzen zwischen +10° und -5° schwankte. Die größten von uns beobachteten Schwankungen, die aber seltener eintraten, lagen zwischen 16° über und 9° unter der Horizontalen.

Die Diagramme, welche wir erhielten, zeigten alle gewisse gemeinsame Merkmale. Für den Zeitraum von einer Minute ergab sich aus allen fast derselbe mittlere Wert von 3,3°. In jeder ganzen Minute steigt auch der Zeichenstift einige Male, wenn auch nur für kurze Zeit, unter die Horizontale. Innerhalb einer Minute wiesen alle erhaltenen Kurven fast die gleiche Zahl von Gipfelpunkten auf und zwar cirka 20 Maxima und 20 Minima. Auf eine steigende und fallende Tendenz der Kurve kommen also durchschnittlich 3 Sekunden. Nur ausnahmsweise bleibt die Windsteigung etwa 6-8 Sekunden annähernd konstant.

Man erkennt hieran übrigens deutlich, mit welchen Schwierigkeiten man bei den Messungen des Luftwiderstandes im Winde zu kämpfen hat, und daß nur durch recht zahlreiche Versuche gute Mittelwerte sich bestimmen lassen.

Es sei noch erwähnt, daß uns bei diesen Versuchen besonders auffiel, daß die Windfahnen sich meistens hoben, wenn wir an der Erde am Fuße des Gestelles sitzend wenig Wind verspürten, wo also anzunehmen war, daß die Differenz in den Windgeschwindigkeiten nach der Höhe verhältnismäßig groß sein mußte. Wenn dagegen der Wind an der Erde stärker blies, bewegten sich die Windfahnen meistens stärker abwärts. Es ist jedoch besonders zu betonen, daß beides nicht immer zutraf, und sich daher auch nicht ohne weiteres eine Gesetzmäßigkeit daraus ableiten läßt.

Die Zunahme des Windes nach der Höhe muß notwendigerweise mit einer die ganze Luftmasse mehr oder weniger erfüllenden rollenden

Bewegung begleitet sein; denn es ist nicht denkbar, daß sich Luftschichten von verschiedenen Geschwindigkeiten geradlinig übereinander fortschieben, ohne durch die entstehende Reibung auch bei ganz stetiger Zunahme der Windgeschwindigkeiten nach der Höhe sich gegenseitig in ihren Bewegungsrichtungen zu beeinflussen. Die Tendenz zu rollenden Bewegungen muß cykloidische Wellenlinien als Bahnen der Luftteile zur Folge haben, die durch die Unebenheiten der Erdoberfläche namentlich in der Nähe der letzteren unregelmäßig gestaltet werden, und nur in größeren Perioden einen gleichmäßigen Charakter bewahren können.

In der Reibung der dahin streichenden Luft an der Erdoberfläche, an dem Temperaturunterschied und Druckausgleich, welche den Wind immer zwingen, dorthin zu wehen, wo Anhäufungen der Atmosphäre nötig sind, müssen wir das beständige Schwanken in der Höhenrichtung des Windes um eine gewisse über dem Horizont liegende Mittellage, sowie die den Auftrieb verstärkende Windwirkung erblicken.

Schließlich möchten wir noch die Ansicht vertreten, daß die Linie, welche der, den hohen, freistehenden Fabrikschornsteinen entströmende Rauch in der windigen Luft beschreibt, ebenfalls ein treffendes Bild von der Luftbewegung und ihrer steigenden Richtung angiebt, wenn auch der Einwand hörbar werden wird, daß die heißen Schornsteingase diese Steigung hervorrufen. Dieser durch Wärme hervorgerufene Auftrieb kann doch wohl nur in unmittelbarer Nähe des Schornsteins wirksam sein und sich nicht auf Kilometer weite Strecken ausdehnen.

Um den genaueren Zusammenhang aller dieser in diesem Abschnitt erwähnten Erscheinungen mit ihren mutmaßlichen Ursachen genauer zu erforschen und eine wirkliche Gesetzmäßigkeit erkennen zu können, ist es jedenfalls nötig, die Untersuchungen viel weiter auszudehnen und namentlich neben den Schwankungen der Windsteigung auch die Schwankungen der seitlichen Windrichtung und die sich stets verändernde Windstärke und deren Zunahme nach der Höhe mit in Betracht zu ziehen und gleichzeitig zu messen.

Es wäre sehr wünschenswert, wenn nach dieser Richtung hin recht ausführliche Versuche gemacht würden, die nicht nur für die Flugtechnik, sondern wohl auch für die Meteorologie die größte Wichtigkeit hätten.

34. Der Luftwiderstand des Vogelflügels in ruhender Luft nach den Messungen im Winde.

Wir können nun annehmen, daß im Durchschnitt bei den Versuchen, welche das Diagramm Tafel V ergaben, der Wind durchschnittlich eine aufsteigende Richtung von wenigstens 3° hatte. Wenn wir daher vergleichen wollen, wie sich die Resultate der Messungen im Winde zu denen am Rotationsapparat verhalten, so müssen wir bei den Messungen im Winde die Neigung der Fläche nicht zum Horizont messen, sondern zur Windrichtung, das heißt, wir müssen die Winkel zum Horizont stets noch um 3° vermehren. Thut man dieses, so erhält man das Diagramm Tafel VI, Fig. 1, bei dem ebenfalls zum Vergleich die entsprechende Linie von Tafel IV punktiert angedeutet ist.

Jetzt erst kann man erkennen, welcher Unterschied zwischen diesen beiden Methoden der Messung bestehen bleibt; und zwar hat man die Abweichungen auf die Fehlerquellen zurückzuführen, die der Rotationsapparat mit sich bringt und die früher schon besprochen sind. Hiernach stellt Tafel VI den Luftwiderstand dar, welcher entsteht, wenn eine vogelflügelförmige Fläche geradlinig in ruhender Luft bewegt wird. Diese Widerstände, ebenso wie diejenigen, welche vom Winde verursacht werden, sind auf Tafel VII in ihren Verhältnisgrößen durch die obersten Linien eingetragen. Auch hier erkennt man, wie stark der Widerstand durch die Flächenwölbung vermehrt wird. Aber nicht die Größe des Luftwiderstandes allein ist maßgebend für die Beurteilung der Wirkung, sondern eigentlich noch mehr die Richtung des Luftwiderstandes.

Jetzt kann man aber auch wieder aus Fig. 1 auf Tafel VI einen Vergleich der Luftwiderstandsrichtungen herbeiführen und die stets horizontal ausgebreitete gewölbte Fläche *ab* nach den Richtungen 0°-90° abwärts bewegt denken.

Fig. 2 auf Tafel VI enthält dann die Luftwiderstandslinien so gezeichnet, wie sie zur Fläche *ab* wirklich gerichtet sind, wenn die gewölbte Fläche in ruhender Luft geradlinig sich bewegt, während die im Winde gemessenen Widerstandswerte zu Grunde gelegt sind.

35. Der Kraftaufwand beim Fluge in ruhiger Luft nach den Messungen im Winde.

Auch die beim Vorwärtsfliegen in ruhiger Luft eintretende Kraftersparnis läßt sich wie früher berechnen und ergiebt die Werte, welche in Fig. 2 auf Tafel VI bei den betreffenden Winkeln der mittleren Bewegungsrichtung der Flügel verzeichnet sind, und welche wieder in Vergleich gestellt sind mit der Arbeit A, die ohne Vorwärtsfliegen nötig ist.

Jetzt zeigt sich die geringste Arbeitsleistung, wenn die Flügel sehr schnell vorwärts und langsam abwärts sich bewegen, also bei verhältnismäßig schnellem Fluge.

Selbst wenn man den Luftwiderstand des Vogelkörpers mit berücksichtigt, erhält man kaum 1/10 von derjenigen Arbeitsleistung, die beim Fliegen auf der Stelle nötig ist. Nachdem nun aber die Abwärtsbewegung der Flügel sehr langsam geworden ist, wird sich der Nutzen, der durch die Schlagwirkung entsteht, bedeutend verringern.

Nach Abschnitt 18 beträgt das Minimum der Arbeit beim Fliegen auf der Stelle für den Menschen 1,5 HP. Bei teilweisem Fortfall der Vorteile der Schlagwirkung würde sich aber wohl die doppelte Leistung, also 3 HP ergeben, und diese 3 HP müßte man nach Tafel VI als die Arbeit A ansehen. Man erhielte dann bei einem Fluge, bei dem die Flügel durchschnittlich unter einem Winkel von 3° sich abwärts bewegen, für den Menschen die erforderliche mechanische Leistung von 0,3 HP.

Dieses wäre nun aber ein Kraftaufwand, den der Mensch bei einiger Übung sehr wohl längere Zeit zu leisten vermag. Wenn daher der Flugapparat, dessen man sich bedienen müßte, eine recht günstige Form hätte und bei etwa 15-20 qm Flugfläche nicht über 10 kg wöge, so wäre es wohl denkbar, daß damit in ruhiger Luft horizontal bei großer Geschwindigkeit geflogen werden könnte.

Was aber mit einem solchen Apparate auch ohne Flügelschläge sicher ausgeführt werden könnte, wäre ein längerer schwach abwärts geneigter Flug, der immerhin des Lehrreichen und Interessanten genug bieten möchte.

36. Überraschende Erscheinungen beim Experimentieren mit gewölbten Flügelflächen im Winde.

Wer die Diagramme auf Tafel V und VI betrachtet und sich dessen bewußt ist, was uns zum Fliegen not thut, dem wird die Tragweite der eigentümlichen Wirkung des Windes auf vogelflügelähnliche Flächen nicht entgehen. Eine trockene, nüchterne Darstellung, wie solche Diagramme sie geben, verschafft aber schwer den richtigen Eindruck, wie ihn derjenige hat, der solche, ein gewisses auffallendes Gesetz enthaltenden Linien entstehen sah. Da nun die in diesen Diagrammen ausgedrückte Gesetzmäßigkeit des Luftwiderstandes geradezu den Schlüssel für viele Erscheinungen beim Vogelfluge bietet, so ist es von Wichtigkeit, die besonders auffallenden Wahrnehmungen bei den diesen Diagrammen zu Grunde liegenden Versuchen näher hervorzuheben.

Wer solche Versuche selbst vornimmt, der wird viele Eindrücke empfangen, die sich durch einfache Zahlenangaben und graphische Darstellungen nicht wiedergeben lassen, denn Kraftwirkungen, von denen man nicht bloß sieht und hört, sondern die man selbst sogar fühlt, prägen sich der Vorstellung in Bezug auf ihre Bedeutung für die verfolgten Ziele ungleich deutlicher ein. Und so ist es denn im höchsten Grade lehrreich, selbst mit richtig geformten größeren Flugflächen im Winde zu operieren. Allen denen aber, die hierzu keine Gelegenheit haben, diene folgendes zum besseren Verständnis.

Als wir zuerst mit derartigen leicht gebauten Flächenformen in den Wind kamen, wurde in uns die Ahnung von der Bedeutung der gewölbten Flügelfläche sofort zur Gewißheit. Schon beim Transport solcher größerer Flügelkörper nach der Versuchsstelle macht man interessante Bemerkungen. Man ist befriedigt, daß der Wind kräftig bläst, weil die Messungen um so genauer werden, je größer die gefundenen Zahlenwerte sich herausstellen, aber der Transport der Versuchsflächen über freies Feld hat bei starkem Wind seine Schwierigkeiten. Die Flächen sind beispielsweise aus leichten Weidenrippen zusammengesetzt und beiderseits mit Papier überspannt. Man muß also schon behutsam mit ihnen umgehen. Der Wind schleudert aber in so unberechenbarer Weise mit den Flächen herum, drückt sie bald nach oben, bald nach unten, daß man nicht weiß, wie man die Flächen halten soll. Aber schon auf dem ersten Gang zur Versuchsstelle ergiebt sich eine unfehlbare Praxis für den leichten Transport. Man findet, daß eine solche flügelförmig gewölbte Fläche, welche mit der Höhlung nach oben so schwer zu tragen war, als wenn sie mit Sand gefüllt wäre, nach der Umkehrung, wo also die Höhlung nach unten liegt, vom Winde selbst sanft gehoben und getragen wird. Wenn man dann nur eine flache Hand leicht auf die Fläche legt und letztere am Aufsteigen verhindert, sowie nebenbei die horizontale Lage sichert, so schwimmt die Versuchsfläche förmlich auf dem Winde, und wenn die Fläche etwa 0,5 qm groß ist, so kann man bei starkem Wind noch einen Teil des eigenen Armgewichtes mit von der Fläche tragen lassen.

Jetzt, wo die Diagramme vor uns liegen, ist es ja ein Leichtes, die Hebewirkung eines etwa 10 m schnellen Windes auf eine solche Fläche auszurechnen. Nehmen wir als Hebedruck nur den halben Druck der normal getroffenen Fläche an, so erhalten wir bei 10 m Windgeschwindigkeit bei dieser 0,5 qm großen Fläche den Luftwiderstand $L = 1/2 \times 0{,}13 \times 0{,}5 \times 100 = 3{,}25$ kg. Wenn nun die Fläche selbst 1,25 kg wiegt, so muß man dieselbe noch mit 2 kg herunterdrücken, damit sie nicht vom Winde hochgehoben wird. Man fühlt, wie die Fläche auf dem Winde schwimmt und braucht nicht einmal Sorge zu tragen, daß der Wind die Fläche in seiner Richtung mit sich reißt; denn der Luftwiderstand ist senkrecht nach oben gerichtet und ein Zurückdrücken der wohlgeformten Fläche von einer Wölbung gleich 1/12 der Breite findet nicht statt, was denjenigen, welcher mit solchen Wahrnehmungen noch nicht vertraut ist, in nicht geringem Grade überraschen muß. Man sagt sich unwillkürlich, daß diese Flugfläche nur entsprechend größer zu sein brauchte, um ohne weiteres mit derselben absegeln zu können, wenn man statt der Fläche von 0,5 qm etwa eine solche von 20 qm hätte. Freilich wird man ja auch an die Gleichgewichtsfrage erinnert und gewahrt, daß doch eine erhebliche Übung noch hinzukommen muß, um so große Flächen im Winde sicher dirigieren zu können.

Wenn dann das Gerüst mit dem beweglichen Versuchshebel Fig. 46 aufgestellt ist, und man befestigt zunächst die Fläche so, daß ihre Ränder in der Richtung des Hebels liegen, so daß also bei horizontaler Hebelstellung die Fläche auch horizontal ausgebreitet ist, so fühlt man schon bei schwachem Wind, daß die Fläche das Bestreben hat, sich zu heben; denn durch das Gegengewicht ist ihr eigenes Gewicht abbalanciert.

Läßt man dann die Fläche los, so hebt sich das Hebelende mit der Fläche wesentlich höher, dieselbe Erscheinung wie im Abschnitt 33 besprochen.

Zu Hause im geschlossenen, windstillen Raum hat man das Gegengewicht so befestigt, daß die Versuchsfläche gerade ausbalanciert wird, und der Hebel in jeder Lage im Gleichgewicht bleibt, wobei das sogenannte indifferente Gleichgewicht herrscht. An eine Täuschung ist hierbei also nicht zu denken.

Während der nun folgenden Kraftmessungen stellen sich alle jene großen Unterschiede ein gegen die beim Experimentieren mit ebenen Flächen gefundenen Resultate. Wie man schon durch das Gefühl über die an der gewölbten Fläche auftretenden Vergrößerungen des Winddruckes überrascht wird, so hat man erst recht Grund zur Verwunderung über die

Hebewirkung des Windes, wenn die Vorderkante der Fläche bedeutend tiefer liegt als die Hinterkante. Diese Hebekraft hört, wie wir aus dem Diagramm Tafel V gesehen haben, erst auf, wenn die Sehne des Querschnittbogens der Fläche gegen den Wind um 12° abwärts gerichtet ist, wo der Uneingeweihte doch sicher annehmen würde, daß hier der Wind die Fläche schon stark herabdrücken müßte.

Nachdem man dann die Messung der vertikalen Komponenten des Winddruckes ausgeführt hat, stellt man den Hebel vertikal, um auch die horizontalen Drucke zu bestimmen nach Fig. 45.

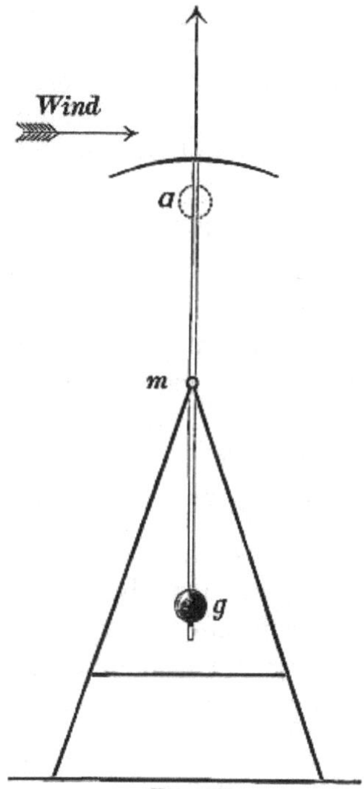

Fig. 52.

Mit der wagerechten Flächeneinstellung nach Fig. 52 beginnend, wird einem sofort wieder eine neue Überraschung zu teil; denn gegen alle Voraussetzung bleibt der Hebel mit dem oben befindlichen großen Versuchskörper selbst im starken Sturm senkrecht stehen, nur wenig um diese Mittellage hin und her schwankend. Die Projektion der Fläche nach der Windrichtung beträgt einschließlich der Flächendicke über 1/10 ihrer ganzen Grundfläche und dennoch schiebt der Wind die Fläche nicht zurück, indem der Hebel bei schwachen Pendelbewegungen die vertikale Lage behauptet.

Erstaunt hierüber bringt man den Hebel absichtlich aus der Mittellage heraus, sowohl mit dem Wind als gegen den Wind und findet, daß die Versuchsfläche immer wieder nach dem höchsten Punkte wandert, der

Hebel sich also immer wieder senkrecht stellt. Die Fläche kann also nicht bloß in der höchsten Lage bleiben, sie muß sogar diese Lage behalten und befindet sich daher nicht im labilen, sondern im stabilen Gleichgewicht. Um diesen Eindruck noch zu verstärken, kann man irgend einen schweren Körper, z. B. einen Stein *a* (bei unseren Versuchen 2 kg) unter der Fläche am Hebel befestigen, so daß das obere Hebelende thatsächlich schwerer wird wie das untere, aber auch dann noch bleibt die Fläche oben in stabiler Lage, wenn mit dem hinzugefügten Gewicht bei gewisser Windstärke eine gewisse Grenze nicht überschritten wird.

Wenn, wie hier, die Diagramme Tafel V vorliegen, ist die Erklärung dieser Erscheinung nicht schwer. Man sieht aus diesen Kraftaufzeichnungen, daß bei einer Flächenneigung von Null Grad gegen den Horizont der Winddruck normal zur Fläche, also senkrecht steht, daß aber bei negativen Winkeln, wenn also die Fläche gegen den Wind abwärts gerichtet ist, der Winddruck schiebend auf die Fläche wirkt. Die Stellung Fig. 53 wird daher einen Winddruck *x* ergeben, der die Fläche zur Mittelstellung zurücktreibt. Ruft man aber künstlich die Stellung Fig. 54 hervor, so entsteht bei Winkeln bis zu 30° ein Luftwiderstand *y*, der von der Normalen zur Fläche nach der Windseite zu liegt, den Hebel also um seinen Drehpunkt *m* nach links dreht, und die Fläche dem Wind entgegen zieht. Es kann also weder die Stellung Fig. 53 noch die Stellung Fig. 54 verbleiben, sondern beide Stellungen werden sich von selbst wieder ändern, bis die senkrechte Mittelstellung Fig. 52 entsteht, wo der Winddruck bei wagerechter Flächenlage senkrecht hebend gerichtet ist.

Diese Erscheinung, von der man vorher keine Ahnung haben konnte, charakterisiert nun am deutlichsten die Befähigung der schwachgewölbten Flugflächen zum Segeln, das heißt zu einem Fluge, der ohne Flügelbewegung und ohne wesentliche dynamische Leistung seitens des fliegenden Körpers vor sich geht.

Die zuletzt betrachtete Flugfläche würde sich ohne weiteres hochheben, wenn sie nicht am Hebel befestigt wäre, und wenn man ihre horizontale Lage sichern könnte, was natürlich am besten durch ein lebendes Wesen geschehen würde, dem diese Fläche als Flügel diente.

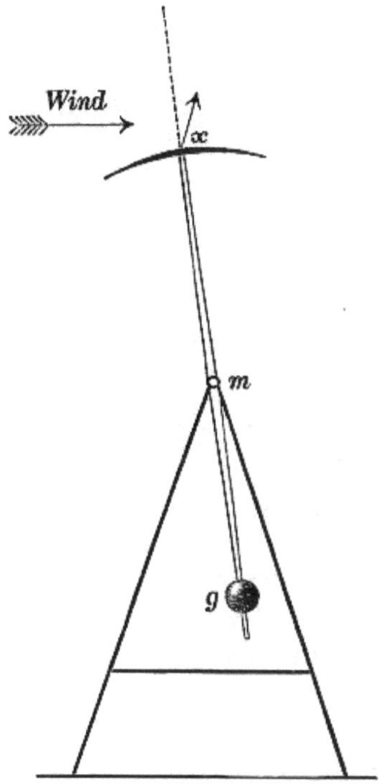

Fig. 53.

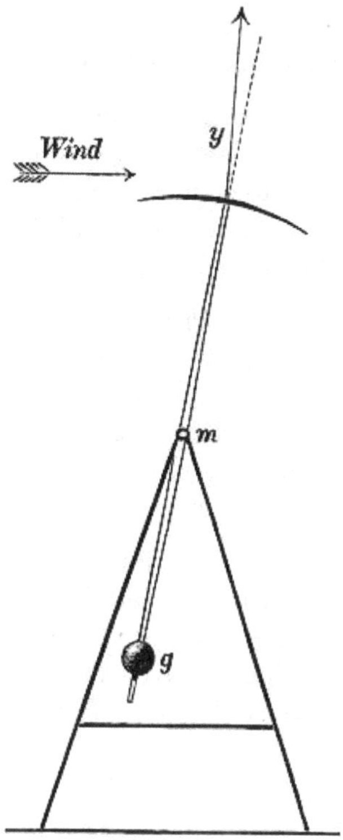

Fig. 54.

Die segelnden Vögel können nun aber nicht nur auf dem Winde ruhend in der Luft still stehen, wie wir dies häufig am Falken beobachten, wenn er Beute suchend, weder sinkend noch steigend, weder rückwärts noch vorwärts gehend, fast unbeweglich die Erdoberfläche durchmustert, sondern sie bewegen sich auch segelnd gegen den Wind, nicht nur kreisend, sondern auch geradlinig. Oft bemerkten wir bei diesen zuletzt erwähnten Experimenten, wobei wir nach den das Segeln ermöglichenden Kraftwirkungen suchten, wie Raub- oder Sumpfvögel in segelndem Fluge hochoben im Blauen über unseren Apparaten dem Winde entgegen schwebten. Unsere Messungen ließen uns nun zwar keinen Zweifel darüber, daß es Flugflächen giebt, welche im Winde senkrecht gehoben und nicht in der Windrichtung zurückgedrückt werden. Die Vögel belehrten uns aber darüber, daß es auch Flugflächen geben muß, welche wenigstens in höheren Luftregionen dem Winde segelnd entgegengezogen werden müssen, bei denen in der Ruhelage zur Erde also ein Winddruck auftreten muß, der nicht bloß senkrecht steht, sondern noch etwas gegen den Wind ziehend wirkt, um den Luftwiderstand des Vogelkörpers dauernd zu überwinden.

Diese Erscheinung ist natürlich erst recht nur aus einer aufsteigenden Windrichtung zu erklären. Die regelrechte Untersuchung hierüber wird man aber wohl erst anstellen können, wenn man imstande ist, den Luftdruck frei unter den eigenen Flügeln zu fühlen.

Was in diesem Abschnitt von den Flügelflächen gesagt ist, gilt aber auch teilweise für alle anderen gewölbten Flächen, welche dem Winde ausgesetzt sind. Wir werden hierbei an manche Erscheinung des täglichen Lebens erinnert, wo die seltsame Wirkung des Windes an gewölbten Flächen sich auffallend markiert.

Die auf freiem Platze im Winde zum Trocknen auf der Leine hängende Wäsche belehrt uns ebenso wie die an horizontaler Stange wehende Fahne, daß alle nach oben gewölbten Flächen einen starken Auftrieb im Winde erfahren und trotz ihres Eigengewichtes gern über die Horizontale hinaussteigen. Das kleine Bildchen Fig. 55 wird manchen an einen oft gehabten Anblick erinnern.

Aber auch die Technik macht, wenn auch häufig unbewußt vielfach Anwendung von den aerodynamischen Vorteilen der Flächenwölbungen. Sowohl die Segel der Schiffe wie die Flügel der holländischen Windmühle verdanken einen großen Teil ihres Effektes der Wölbung ihrer Flächen, welche sie entweder von selbst annehmen oder die ihnen künstlich gegeben wird.

Fig. 55.

Nachdem wir gesehen haben, welche gewaltigen Unterschiede sich einstellen, wenn eine vom Winde schräg unter spitzem Winkel getroffene Fläche nur wenig aus der Ebene sich durchwölbt, so ist es erklärlich, daß man nur schwache Annäherungen an die Wirklichkeit erhalten kann, wenn man die Segelleistung der Schiffe unter Annahme ebener Segel berechnet, und daß man sich nicht wundern darf, wenn der Segeleffekt derartige Berechnungen weit übertrifft.

Auch das immerwährende Flattern der Fahnen an vertikaler Stange im starken Winde ist auf die genannten Eigenschaften gewölbter Flächen zurückzuführen.

Die steife Wetterfahne aus Blech stellt sich ruhig in die Windrichtung. Nicht so die Fahne aus Stoff. Während Fig. 56 die Oberansicht der Wetterfahne angiebt, flattert die Stoffahne in großen Wellenwindungen hin und her. Die Erklärung ist folgendermaßen zu denken: Bei der Fahne aus Stoff bildet sich ein labiles Verhältnis, denn die geringste entstehende Wölbung nach einer Seite verstärkt den Winddruck nach dieser Seite eben auf Grund der uns jetzt bekannten Eigenschaften gewölbter Flächen, wodurch die Wölbung sich vergrößert und Fig. 57 als Grundriß der Fahne entsteht, bis der Winddruck bei *a* so groß wird, daß die Wölbung durchgeklappt wird, und Fig. 58 daraus sich formt. Dieses Hin- und Herklappen der Wölbung von rechts nach links ruft das Flattern der Fahnen hervor und ihre immer gleichen Wellenbewegungen.

Fig. 56.

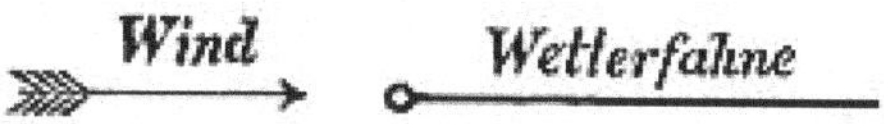

Fig. 57.

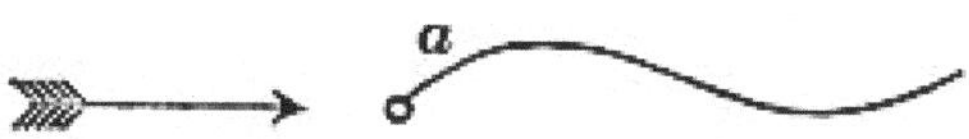

Fig. 58.

An dieser Stelle kann auch darauf aufmerksam gemacht werden, daß man jedem Boomerang, dessen Querschnitt bei den käuflichen Exemplaren die leicht herstellbare Form nach Fig. 59 hat, ungleich leichter fliegend machen kann, wenn man die Flächen nach Fig. 60 wirklich aushöhlt; denn Fig. 59 ist nur eine unvollkommene Annäherungsform zu Fig. 60.

Fig. 59.

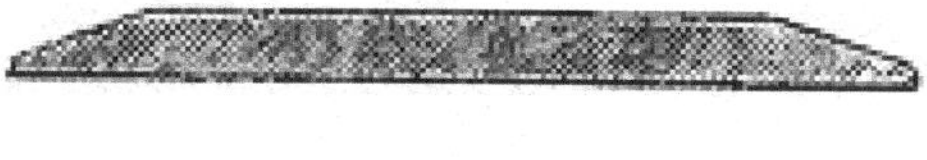

Fig. 60.

Endlich finden wir, daß die Natur auch im Pflanzenreich den Vorteil gehöhlter Flügel ausnützt, indem sie die geflügelten Samen vieler Gewächse auf leicht gewölbten Schwingen im Winde dahinsegeln läßt.

Die hier für die Erscheinungen in der Luft angeführten Versuche mit gewölbten Flächen dürften nun vielleicht nicht weniger interessant und ergiebig mit geeigneten analog geformten Körpern im Wasser sich ausführen lassen. Schon im kleinsten Maßstabe, sagen wir in der gefüllten Kaffeetasse, kann man sich hierüber schon einigen Eindruck verschaffen, wenn man fühlt, wie der seitlich hin und her bewegte Theelöffel das deutlich erkennbare Bestreben hat, nach der Richtung seiner Wölbung hin auszuweichen.

Also auch in den tropfbaren Flüssigkeiten erfahren die gewölbten Flächen nach der Richtung ihrer Sehne bewegt einen stärkeren nach der Seite der Wölbung zu liegenden Druck, und man kann annehmen, daß auch die an die Fig. 30 in Abschnitt 25 angeknüpften Betrachtungen in gewissem Grade für die Bewegungen im Wasser zutreffen. Sollte nun nicht die Theorie der Schiffsschraube auch noch eine Lücke darin enthalten, daß diese Querschnittswölbung nicht genügend gewürdigt ist?

37. Über die Möglichkeit des Segelfluges.

Die im letzten Abschnitt beschriebenen und von uns vielfältig ausgeführten Versuche zeigen, daß der Luftwiderstand gewölbter Flächen Eigenschaften besitzt, mit Hülfe deren ein wirkliches Segeln in der Luft sich ausführen läßt. Der segelnde Vogel, ein Drachen ohne Schnur, er existiert nicht bloß in der Phantasie, sondern in der Wirklichkeit.

Vielleicht ist es nicht jedem, der für die Vorgänge beim Vogelfluge Interesse hat, vergönnt gewesen, große segelnde Vögel so genau zu beobachten, daß die Überzeugung von der Arbeitslosigkeit eines solchen Fluges tiefe Wurzeln schlagen konnte, und doch giebt es jetzt wohl schon sehr viele Beobachter, die davon durchdrungen sind, daß hier in dem anstrengungslosen Segeln der Vögel eine allerdings höchst wunderbare, aber doch unumstößliche Thatsache obwaltet.

Wie schon erwähnt, gehören zu den Vögeln, welche das Segeln ohne Flügelschlag verstehen, vor allem die Raubvögel, Sumpfvögel und die meerbewohnenden Vögel. Es ist damit nicht ausgeschlossen, daß auch noch viele andere Vogelarten, deren Lebensweise sie nicht zum Segeln veranlaßt, dennoch die Fähigkeit zum Segeln besitzen. Ich wurde einst sehr überrascht, eine große Schar Krähen schön und andauernd in beträchtlicher Höhe kreisen zu sehen, während ich früher glaubte, daß der eigentliche Segelflug der Krähe unbekannt sei.

Die Ausübung des Segelns ist bei den einzelnen Vogelarten aber etwas verschieden.

Die Raubvögel bewegen sich meist kreisend und in der Regel mit dem Winde abtreibend, das heißt, die Kreise schließen sich nicht, sondern bilden in Kombination mit der Windbewegung cykloidische Kurven. Es hat den Anschein, als wenn diese Form des Segelns die am leichtesten ausführbare sei, denn alle Vögel, welche überhaupt segeln können, verstehen sich auf diese Segelart.

Es ist nicht ganz ausgeschlossen, daß dergleichen Segelbahnen durch ihre etwas schräge Lage die Geschwindigkeitsdifferenz des Windes in verschiedenen Höhen beim Tragen der Vögel zur Mitwirkung bringen, und daß dadurch dieses Kreisen das Segeln etwas erleichtert. Jedenfalls ist aber die Höhendifferenz und somit der Unterschied in den Windgeschwindigkeiten nicht beträchtlich genug, um darauf allein das Segeln zu basieren. Wir wissen vielmehr, daß der Auftrieb des Windes in Vereinigung mit den vorzüglichen Widerstandseigenschaften gewölbter Flugflächen allein imstande ist, die Hebung der Vögel ohne Flügelschlag zu bewirken.

Daß das Kreisen beim Segeln mehr Nebensache sein muß, wird auch dadurch schon bewiesen, daß von den Vögeln auch sehr viel ohne Kreisen gesegelt wird. Was sollen wir denn vom Falken sagen, der minutenlang unbeweglich im Winde steht? Dieses Stillstehen mag wohl seine besonderen Schwierigkeiten haben, denn viele Vögel, die hierauf sich verstehen, giebt es sicher wenigstens unter den Landvögeln nicht. Der Falk verfolgt hierbei offenbar den Zweck, möglichst unauffällig von oben das Terrain nach Beute zu durchspähen; denn oft sahen wir ihn plötzlich aus solcher Stellung niederstoßen.

Die kreisende Segelform wird von den anderen Raubvögeln auch wohl angewendet, um eine vollkommene Absuchung ihres Jagdrevieres zu bewirken. Auch diese Vögel sieht man plötzlich das Kreisen unterbrechen und auf die Beute herabstürzen.

Die Sumpfvögel scheinen das Kreisen namentlich anzuwenden, um erst eine größere Höhe zu erreichen. Zum Segeln gehört Wind von einer gewissen Stärke, der sich oft erst in höheren Luftregionen findet. Und da scheinbar das Kreisen eine Erleichterung beim Segeln bietet, läßt es sich auch schon bei einer etwas geringeren Windstärke ausführen. Hat der Sumpfvogel nun die genügende Höhe erreicht, so sieht man ihn häufig segelnd geradeaus streichen, genau seinem Ziele zu. Bei Störchen kann man diese Bewegungsform sehr häufig beobachten. Alle diese Künste aber verstehen die an der Küste und auf offenem Meere lebenden Segler. Bei diesen Vögeln scheint die Flügelform ganz besonders zum Segeln geeignet zu sein. Sie können außer dem Kreisen daher auch jede andere Bewegung segelnd ausführen, und auch diese Vögel sieht man zuweilen in der Luft stillstehend den Wind zum Tragen ausnützen.

Zu allen diesen Bewegungen gehört eigentlich keine besondere motorische Leistung, sondern nur das Vorhandensein richtig geformter Flügel und die Geschicklichkeit oder das Gefühl, die Flügelstellung dem Winde anzupassen.

Es ist wahrscheinlich, daß die von uns angewendeten Versuchsflächen, wenn sie auch das Kriterium der zum Segeln erforderlichen Eigenschaften enthielten, dennoch lange nicht alle jene Feinheiten besaßen, die der vollendete Segelflug erheischt. Die Reihe der aufklärenden Versuche darf daher auch noch lange nicht als abgeschlossen betrachtet werden. So viel geht aber aus den angeführten Experimenten hervor, daß es sich wohl der Mühe lohnt, auf dem betretenen Wege weiter zu forschen, um schließlich das Ideal aller Bewegungsformen, das anstrengungslose, freie Segeln in der Luft nicht bloß am Vogel zu verstehen und als möglich zu beweisen, sondern schließlich auch für den Menschen zu verwerten.

Fragen wir uns noch einmal, worauf wir die Möglichkeit des Segelns zurückzuführen haben, so müssen wir in erster Linie die geeignete Flügelwölbung dafür ansehen; denn nur solche Flügel, deren Querschnitte senkrecht zu ihrer Längsachse die geeignete Wölbung zeigen, erhalten eine so günstige Luftwiderstandsrichtung, daß keine größere geschwindigkeitverzehrende Kraftkomponente sich einstellt. Aber es muß noch ein anderer Faktor hinzutreten; denn ganz reichen die Eigenschaften der Fläche allein nicht aus, um dauerndes Segeln zu gestatten. Es muß ein Wind von einer wenigstens mittleren Geschwindigkeit wehen, welcher dann durch seine aufsteigende Richtung die Luftwiderstandsrichtung so umgestaltet, daß der Vogel zu einem Drachen wird, der nicht nur keine Schnur gebraucht, sondern sich sogar frei gegen den Wind bewegt.

Es sollen an dieser Stelle noch einige Experimente Erwähnung finden, welche auch geeignet sind, Aufschluß hierüber zu gewähren.

Wir haben uns mehrfach Drachen hergestellt, welche nicht bloß in der Flugflächenkontur sondern auch in dem gewölbten Flügelquerschnitt der Vogelflügelform ähnlich waren. Derartige Drachenflächen verhalten sich anders wie der gewöhnliche Papierdrachen.

Schon die gewöhnlichen Papierdrachen selbst haben je nach ihrer Konstruktion verschiedene Eigenschaften.

Zunächst sei erwähnt, daß ein Drachen mit Querstab *a* in Fig. 61 nicht so leicht steigt als ein Drachen ohne solchen Querstab. Die Seitenansicht der Drachen giebt hierüber Aufschluß. Ein Drachen mit steifem Querstab *a* wird nach Fig. 62, von der Seite gesehen, zwei einzelne Wölbungen zeigen, während Fig. 63 einen Drachen ohne Querstab, von der Seite gesehen, zeigt. Bei letzterem bildet sich rechts und links vom Längsstab nur eine und zwar eine größere Wölbung, die dem Drachen eine viel vorteilhaftere Gestalt verleiht, weil sich jede Hälfte der einheitlichen Vogelflügelwölbung mehr nähert. Der Unterschied in der Wirkung zeigt sich darin, daß der letztere Drachen bei derselben Schnurlänge und derselben Windstärke höher steigt als der Drachen Fig. 62. Es kommt dies daher, daß der Drachen Fig. 63 sich unter einen flacheren Winkel zum Horizont stellt als der Drachen Fig. 62, weil bei Fig. 63 die Hebewirkung des Windes gegenüber der forttreibenden Wirkung größer ist als bei Fig. 62.

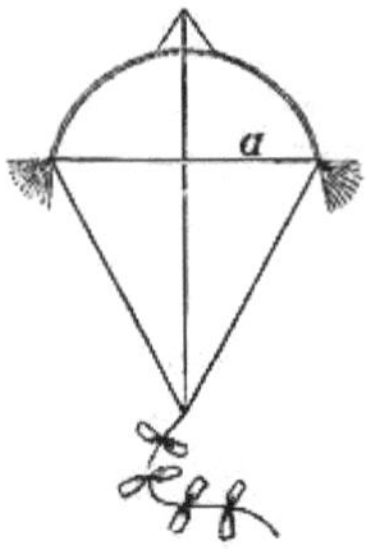

Fig. 61.

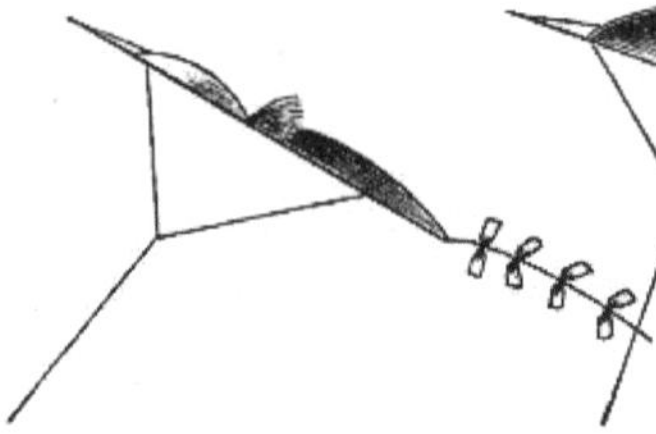

Fig. 62.

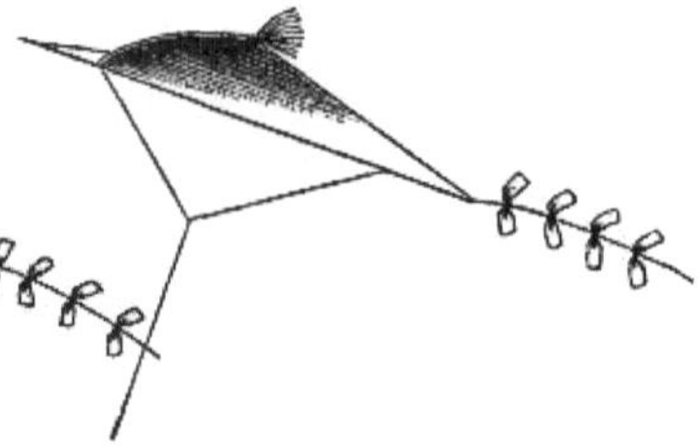

Fig. 63.

Der Wölbung ihrer Flügel verdanken übrigens auch die japanischen Drachen ihre vorzügliche Steigekraft.

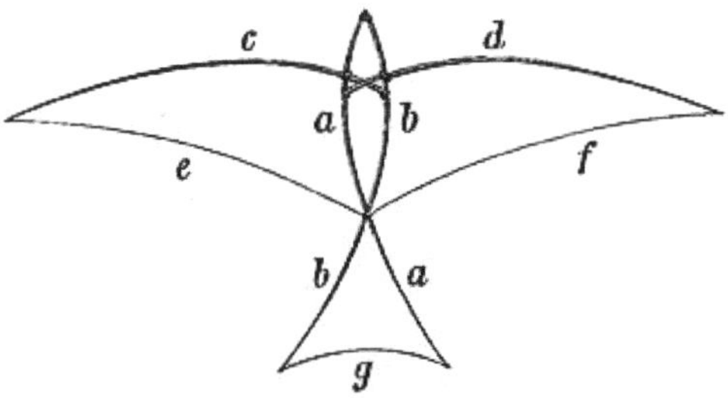

Fig. 64.

Fig. 65.

Will man, daß die Hebewirkung noch vorteilhafter gegenüber der forttreibenden Wirkung auftrete, so muß man dem Drachen auch die zugespitzte Kontur der Vogelflügel geben. Wir führten solche Drachen in der Weise aus, wie in Fig. 64 gezeichnet ist. *a*, *b*, *c* und *d* sind untereinander befestigte Weidenruten, und die Fläche besteht aus Schirting mit Schnureinfassung bei *e*, *f* und *g*.

Ein solcher Drachen stellt sich mit geblähten Flügeln fast horizontal nach Fig. 65, und die haltende Schnur steht unter dem Drachen fast senkrecht.

Man kann aber noch mehr erreichen, wenn man die Flügel solcher Drachen in fester Form ausführt, so daß man auf die Wölbung der Flächen durch den Wind nicht angewiesen ist. Man muß dann nach der Querrichtung der Flügel gekrümmte leichte Rippen einfügen, durch welche die Bespannung zur richtigen Wölbung gezwungen wird.

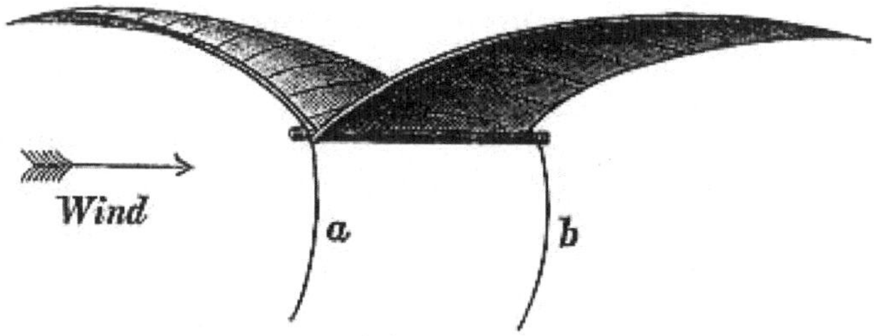

Fig. 66.

Einen solchen Drachenapparat Fig. 66 hatten wir durch zwei Schnüre *a* und *b* so befestigt, daß wir die Drachenneigung in der Luft beliebig ändern konnten, je nachdem wir Schnur *a* oder Schnur *b* anzogen. Brachte man nun durch Anziehen von *a* den Apparat in horizontale Lage, so schwebte derselbe ohne zu sinken vorwärts gegen den Wind. Es war aber nicht möglich, dieses Schweben dauernd zu unterhalten; denn durch das Vorwärtsschweben wurden die haltenden Schnüre schlaff, wie auch in Fig. 66 angedeutet, und die geringste Windänderung störte die Gleichgewichtslage. Nur einmal konnten wir, bei zufällig längerer Periode gleichmäßigen Windes, ein längeres freies Schweben gegen den Wind beobachten. Der Vorgang dabei war folgender:

Wir hatten den Drachenkörper wiederholt zum freien Schweben gebracht, bis er aus der Gleichgewichtslage kam und vom Wind zurückgedrängt wurde. Während eines dieser Versuche dauerte das Schweben gegen den Wind jedoch länger an, so daß wir uns veranlaßt sahen, die Schnüre loszulassen. Der Drachen flog dann ohne zu fallen gegen den Wind, der etwa 6 m Geschwindigkeit hatte, indem er uns, die wir so schnell als möglich gegen den Wind liefen, überholte. Nach Zurücklegung von etwa 50 m verfing sich indessen eine der nachgeschleiften Schnüre in dem die Ebene bedeckenden Kraut, so daß die Gleichgewichtslage gestört wurde, und der Flugkörper herabfiel.

Von diesem Versuche, der im September des Jahres 1874 auf der Ebene zwischen Charlottenburg und Spandau stattfand, sind wir heimgekehrt mit der Überzeugung, daß der Segelflug nicht bloß für die Vögel da ist, sondern daß wenigstens die Möglichkeit vorhanden ist, daß auch der Mensch auf künstliche Weise diese Art des Fluges, die nur ein geschicktes Lenken, aber kein kraftvolles Bewegen der Fittige erfordert, hervorrufen kann.

38. Der Vogel als Vorbild.

Daß wir uns die Vögel zum Muster nehmen müssen, wenn wir danach streben, die das Fliegen erleichternden Prinzipien zu entdecken, und demzufolge das aktive Fliegen für den Menschen zu erfinden, dieses geht aus den bisher angeführten Versuchsresultaten eigentlich ohne weiteres hervor.

Wir haben gesehen, daß beim wirklichen Vogelfluge so viele auffallend günstige, mechanische Momente eintreten, daß man auf die Möglichkeit des freien Fliegens wohl ein für allemal verzichten muß, wenn man diese günstigen Momente nicht auch benutzen will.

Unter dieser Annahme ist es am Platze, noch einmal etwas näher auf die besonderen Erscheinungen beim Vogelfluge einzugehen.

Selbstverständlich werden wir uns, wenn wir die Vögel als Vorbild nehmen, nicht nach denjenigen Tieren richten, bei denen, wie bei vielen Luftvögeln, die Flügel fast anfangen rudimentär zu werden. Auch kleinere Vögel, wie die Schwalben, obwohl wir deren Meisterschaft und Gewandtheit im Fliegen bewundern müssen, gewähren uns nicht das vorteilhafteste Beobachtungsobjekt. Sie sind zu winzig und ihre ununterbrochene Jagd auf Insekten erfordert zu viele unstäte Bewegungen.

Will man eine Vogelart herausgreifen, welche in besonderem Maße geeignet ist, als Lehrmeisterin zu dienen, so können wir z. B. die Möwen als solche bezeichnen.

An der Meeresküste hat man die ausgiebigste Gelegenheit, diese Vögel zu beobachten, welche, da sie wenig gejagt werden, große Zutraulichkeit zum Menschen besitzen und am Beobachter in fast greifbarer Nähe vorbeifliegen. Wenige Armlängen nur entfernt in günstiger Beleuchtung unterscheidet man jede Wendung ihrer Flügel und kann, mit den eigentümlichen Erscheinungen des Luftwiderstandes am Vogelflügel vertraut, nach und nach einige Rätsel ihres schönen Fluges entziffern. Was aber für die Möwen gilt, gilt mehr oder weniger auch für alle anderen Vögel und für alle fliegenden Tiere überhaupt.

Wie aber fliegt die Möwe? Gewöhnlich ist die Luft an der See bewegt, und meistens hat daher die Möwe Gelegenheit, sich segelnd in der Luft fortzubewegen, nur dann und wann mit einigen Flügelschlägen nachhelfend, selten kreisend, bald rechts oder links umbiegend, bald steigend, bald sinkend, den Kopf geneigt und immer mit den Augen die futterspendende Wasserfläche durchsuchend.

Die Flügelschläge mit den schlanken, schwach gewölbten Schwingen lassen auf den ersten Blick eine auffallende Bewegungsart erkennen. Diese Flügelschläge erhalten nämlich dadurch ein besonders sanftes und elastisches

Aussehen, daß eigentlich nur die Flügelspitzen sich wesentlich auf und nieder bewegen, während der breitere, dem Körper naheliegende Armteil der Flügel nur wenig an diesem Flügelausschlage teilnimmt, und ein Bewegungsbild in die Erscheinung tritt, wie Fig. 67 zeigt.

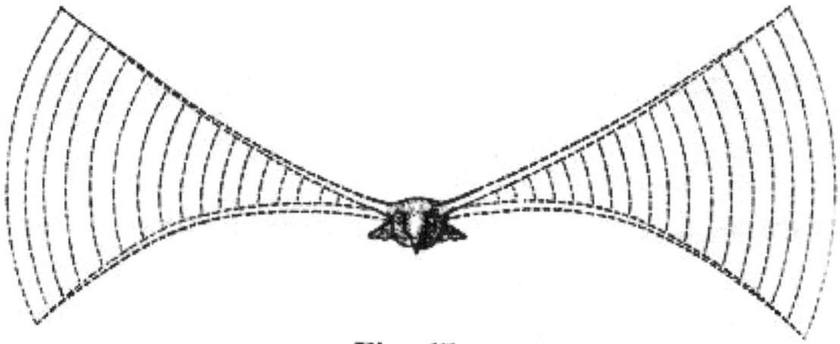

Fig. 67.

Weist uns aber nicht wiederum die Möwe hier einen Weg, auf dem wir abermals zu einer Flugerleichterung, zu einer Kraftersparnis gelangen? Ist aus dieser Bewegungsform nicht sofort herauszulesen, daß die Möwe mit den wenig auf und nieder bewegten Armteilen ihrer Flügel ruhig weiter segelt, während die nur aus Schwungfedern bestehenden, leicht drehbaren Flügelhände die verlorene Vorwärtsgeschwindigkeit ergänzen? Es ist die Absicht unverkennbar, den dem Körper naheliegenden breiteren Flügelteil bei wenig Ausschlag und wenig Arbeitsleistung zum Tragen zu verwenden, während die schmalere Flügelspitze bei wesentlich stärkerem Ausschlag die vorwärts ziehende Wirkung in der Luft besorgt, um dem Luftwiderstand des Vogelkörpers und der etwa noch vorhandenen hemmenden Luftwiderstandskomponente am Flügelarm das Gleichgewicht zu halten.

Wenn dieses feststeht, so muß man in dem Flugorgan des Vogelflügels, das um das Schultergelenk als Drehpunkt sich auf und nieder bewegt, das durch seine Gliederung eine verstärkte Hebung und Senkung sowie eine Drehung der leichten Flügelspitze bewirken läßt, eine höchst sinnreiche, vollkommene Anordnung bewundern.

Der Armteil des Flügels ist schwer, er enthält Knochen, Muskeln und Sehnen, er setzt daher jeder schnelleren Bewegung eine größere Trägheit entgegen. Dieser breitere Flügelteil ist aber zum Tragen wohl geeignet, weil er nahe am Körper liegend durch den kürzeren Hebelarm des Luftwiderstandes ein kleineres, den ganzen Flügelbau weniger beanspruchendes Biegungsmoment ergiebt. Die Flügelhand dagegen ist federleicht, weil sie eigentlich fast nur aus Federn besteht. Sie ist nicht an einem schnellen Heben und Senken gehindert. Der durch sie verursachte Luftwiderstand würde aber, wenn er dem größeren Flügelausschlag entsprechend zunähme, sowohl eine unvorteilhaft starke Beanspruchung der

Flügel, als auch einen großen Arbeitsaufwand verursachen. Es ist eben zu vermuten, daß die Funktion der Flügelspitzen weniger in der Erzeugung eines größeren hebenden als vielmehr eines kleineren, aber vor allen Dingen vorwärts ziehenden Luftwiderstandes besteht.

Fig. 68.

Fliegende Möwe

Fig. 69.

Und in der That, die Beobachtung hinterläßt hierüber keinen Zweifel; man braucht nur bei Sonnenschein die Möwen zu beobachten und wird an den Lichteffekten die wechselnde Neigung der Flügelspitzen deutlich wahrnehmen, die ein förmliches Aufblitzen bei jedem Flügelschlag hervorruft. Es bietet sich ein veränderliches Bild, wie die 2 Figuren 68 und 69 es zeigen, an denen einmal die Flügelstellung beim Aufschlag, das andere Mal beim Niederschlag angegeben ist. Die von uns fortfliegende Möwe zeigt uns beim Aufschlag Fig. 68 die Oberseite ihrer Flügelspitzen hell von der Sonne beschienen, während wir beim Niederschlag Fig. 69 die schattige Höhlung von hinten erblicken. Offenbar geht also die Flügelspitze mit gehobener Vorderkante herauf und mit gesenkter Vorderkante herunter, was beides auf eine ziehende Wirkung hindeutet.

Auch die an uns vorbeieilende Möwe wird dem geübten Beobachter verraten, welche Rolle die Flügelspitzen bei den Flügelschlägen spielen.

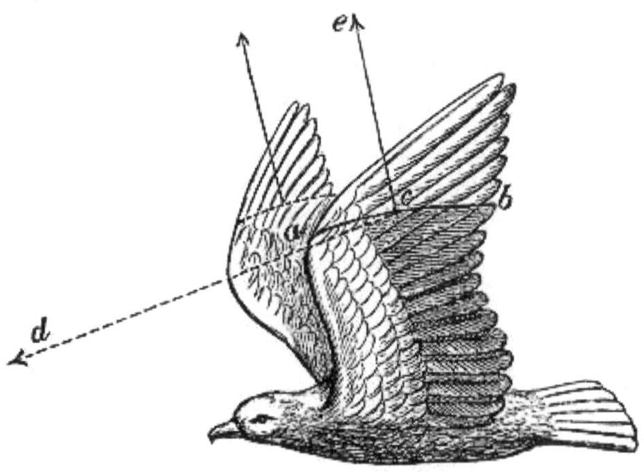

Fig. 70.

Fig. 70 zeigt eine Möwe beim Flügelniederschlag von der Seite gesehen. Nach der Spitze zu hat der Flügel den nach vorn geneigten Querschnitt *acb*. Der absolute Weg dieser Flügelstelle hat die Richtung *cd*, und *ce* ist der entstandene Luftwiderstand. Man sieht, wie letzterer außer der hebenden gleichzeitig eine vorwärtsziehende Wirkung erhält.

Ob aber der Flügel beim Aufschlag in allen Teilen eine ähnliche Rolle übernimmt, also zum Vorwärtsziehen dient, ist nicht ein für allemal ausgemacht. Wäre dieses der Fall, so könnte es unbedingt nur auf Kosten einer gleichzeitig niederdrückenden Wirkung geschehen. Vielleicht geschieht es in stärkerem Grade dann, wenn es dem Vogel um ganz besondere Schnelligkeit zu thun ist.

Im übrigen kann der Aufschlag auch bei solcher Neigung vor sich gehen, daß ein Druck weder von oben noch von unten kommt; und endlich kann der Aufschlag so geschehen, daß noch eine Hebung daraus hervorgeht. Im letzteren Falle tritt der bemerkenswerte Umstand ein, daß bei einem solchen Fluge alle Flügelteile während der ganzen Flugdauer hebend wirken, und welch günstigen Einfluß dies auf die Arbeitsersparnis ausübt, haben wir früher gesehen.

Allerdings wird der Aufschlag viel weniger Hebung hervorbringen als der Niederschlag, es erwächst aber auch schon ein Vorteil für den Vogel, wenn beim Aufschlag nur so viel Widerstand von unten entsteht, als zur Hebung des Flügels und Überwindung seiner Massenträgheit erforderlich ist, so daß der Vogel beim Heben der Flügel so gut wie keine Kraft anzuwenden braucht.

Hierbei ist es noch denkbar, daß beim vorwärtsfliegenden Vogel der Luftwiderstand sich am aufwärts geschlagenen und windschief gedrehten Flügel, wenn eine verstärkte Hebung des Handgelenkes hinzutritt, so verteilt, daß ein hebender Druck am Flügelarm entsteht, während die Flügelspitze Widerstände erfährt, welche, schräg nach vorn und unten gerichtet, ziehend wirken, wie in Fig. 71 angedeutet ist. Die schädlichen, abwärts drückenden Bestandteile des Widerstandes an der Spitze werden dann durch die nach oben gerichteten Widerstände am Armteil desselben Flügels überwunden und unschädlich gemacht.

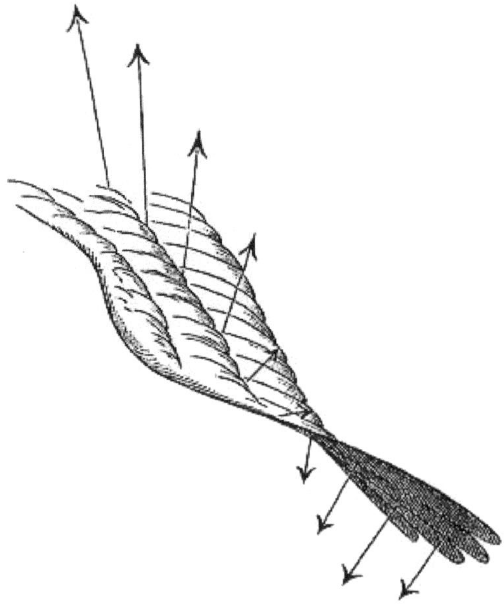

Fig. 71.

In dieser Weise kann man sich vorstellen, daß beim Ruderflug während des Aufschlages der Flügel noch eine teilweise Hebung erfolgt, während keine Hemmung der Fluggeschwindigkeit eintritt, oder womöglich noch ein kleiner nach vorn gerichteter Treibedruck übrigbleibt.

Daß übrigens die vorwärtsfliegenden Vögel auch während des Flügelaufschlages den Luftwiderstand hebend auf sich einwirken lassen, beweist ein einfaches Rechenexempel, indem man vergleicht, wieviel der Vogel in seiner Flugbahn mit seinem Schwerpunkte sich heben und senken würde, wenn er nur durch Niederschlagen der Flügel sich höbe gegenüber der Hebung und Senkung, welche beim fliegenden Vogel in der That festgestellt werden kann.

Eine große Möwe hebt und senkt sich auch in Windstille beim Ruderfluge kaum um 3 cm, obwohl sie bei ihren 21/2 Flügelschlägen pro Sekunde sich bei jedem Doppelschlag etwa um 10 cm heben und senken müßte.

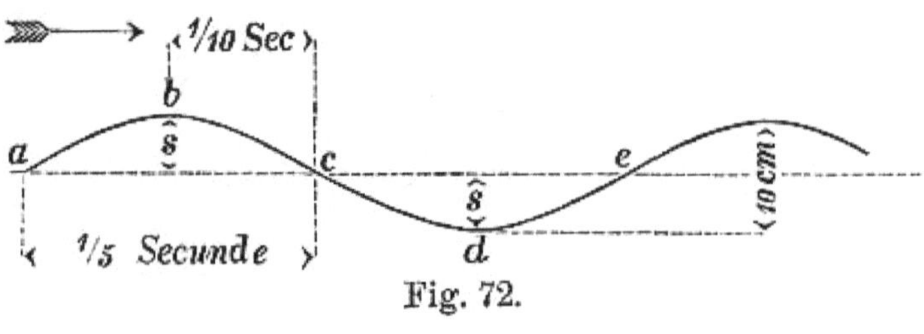

Fig. 72.

Die Schlangenlinie in Fig. 72 giebt ein Bild vom absoluten Wege des Schwerpunktes einer Möwe, welche von links nach rechts fliegend nur durch die Niederschläge der Flügel eine Hebung hervorruft, während der Aufschlag ohne wesentlichen Widerstand vor sich geht.

Rechnet man eine gleiche Zeitdauer zum Heben und Senken der Flügel, so kommt 1/5 Sekunde zum Auf- und 1/5 Sekunde zum Niederschlag.

In *a* beginnt die Möwe die Flügel zu heben; ihre vorher erlangte aufwärts gerichtete Geschwindigkeit verzehrt sich unter dem Einfluß ihres Gewichtes und verwandelt sich in ein Sinken. Der Möwenschwerpunkt beschreibt einfach die Wurfparabel *abc*, während die Flügelhebung vollendet wird. Von *a* bis *b* und von *b* bis *c* braucht die Möwe je 1/10 Sekunde. Dem Gesetz der Schwere folgend, die jeden Körper in t Sekunden den Weg $s = 1/2gt2$ zurücklegen läßt, wo g die Beschleunigung der Schwere gleich 9,81 m bedeutet, wird auch die Möwe in 1/10 Sekunden um den Weg $s = 1/2 \times 9{,}81 \times 1/100$ = cirka 0,05 m oder um 5 cm fallen. Der Bogen *abc* ist also 5 cm hoch.

Jetzt kehrt sich das Spiel um, und die Flügel schlagen herunter, den doppelten Luftwiderstand des Möwengewichtes erzeugend, so daß als Hebekraft das einfache Möwengewicht übrig bleibt. Der Schwerpunkt beschreibt daher den gleichen, jetzt nur nach unten liegenden, Bogen *cde*, der ebenfalls um 5 cm gesenkt ist. Die ganze Hebung und Senkung betrüge also zusammen 10 cm, wie behauptet wurde.

Etwas anders wird zwar der Ausfall der Rechnung, wenn der Flügelaufschlag schneller erfolgt als der Niederschlag; aber selbst, wenn die Aufschlagzeit nur 2/5 der Doppelschlagperiode ausmacht, erhält man immer noch über 6 cm Hub des Schwerpunktes. Man kann daher wohl auf eine Hebewirkung während des Flügelaufschlages schließen, wenn sich die Beobachtung mit der Rechnung decken soll.

Wir müssen aber diese Eigentümlichkeit der Flügelschlagwirkung wiederum als ein Moment zur vorteilhaften Druckverteilung auf den Flügel und somit als einen Faktor zur Erleichterung beim Fliegen ansehen.

Dieser Vorteil erwächst den Vögeln, wie allen fliegenden Tieren also daraus, daß ihre Flügel eine auf und nieder pendelnde Bewegung machen, deren Ausschlag allmählich von der Flügelwurzel bis zur Spitze zunimmt.

Auf diese Weise beschreibt nun jeder Flügelteil in der Luft einen anderen absoluten Weg. Die Teile nahe am Körper haben fast keine Hebung und Senkung und im wesentlichen beim normalen Ruderfluge nur Horizontalgeschwindigkeit, sie werden daher eine ähnliche Funktion verrichten, wie beim eigentlichen Segeln der Vögel der ganze Flügel verrichtet, und dem entsprechend wird die Lage dieser Flügelteile eine solche sein, daß ein möglichst hebender Luftdruck von unten auf ihnen ruht, ohne eine allzu große hemmende Kraftkomponente zu besitzen. Die dennoch stattfindende Hemmung des Vorwärtsfliegens, namentlich auch durch den Vogelkörper hervorgerufen, wird dadurch aufgehoben, daß beim Niederschlag die Flügelenden in ihrem mehr abwärts geneigten absoluten Wege selbst eine nach vorn geneigte Lage annehmen und einen schräg nach vorn gerichteten Luftwiderstand erzeugen, der groß genug ist, die gewünschte Vorwärtsgeschwindigkeit aufrecht zu erhalten.

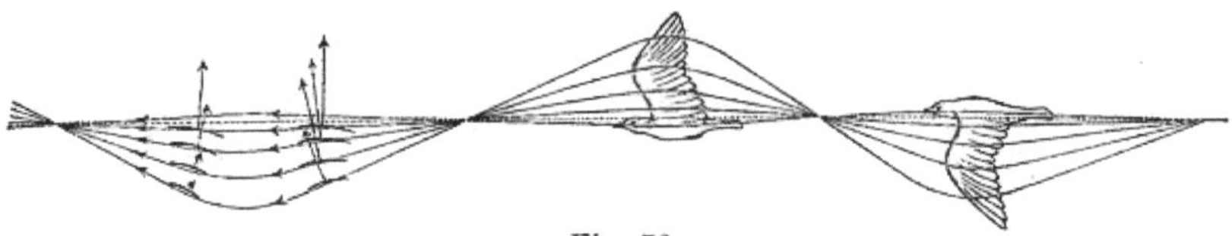

Fig. 73.

Während nun beim Flügelaufschlag die nahe dem Körper gelegenen Teile fortfahren, beim Durchschneiden der Luft tragend zu wirken, werden die mehr Ausschlag machenden Flügelteile, deren absoluter Weg schräg aufwärts gerichtet ist, eine solche Drehung erfahren, daß dieselben möglichst schnell und ohne viel Widerstand zu finden in die gehobene Stellung zurückgelangen können. Wir haben uns demnach die von den einzelnen Flügelteilen beschriebenen schwachen und stärkeren Wellenlinien wie in der Fig. 73 angegeben zu denken, während die einzelnen Flügelquerschnitte dabei Lagen annehmen und Luftwiderstände erzeugen, wie sie in dieser Figur eingezeichnet sind. Hierbei ist angenommen, daß beim Aufschlag alle Flügelteile hebend mitwirken.

Die Mittelkraft dieser Luftwiderstände muß so groß und so gerichtet sein, daß einmal dem Vogelgewicht und zweitens dem Luftwiderstand des Vogelkörpers das Gleichgewicht gehalten wird.

Um dies hervorzurufen, muß sich also der Vogelflügel beim Auf- und Niederschlag drehen, an der Wurzel fast gar nicht, in der Mitte wenig, an der Spitze viel.

Die Drehung wird vor sich gehen beim Wechsel des Flügelschlages. Während dieses Umwechselns der Flügelstellung, wobei immer eine gewisse Zeit vergehen wird, findet vielleicht, namentlich an den Flügelenden, wo viel Drehung nötig ist, ein geringer Verlust statt. Dieser Verlust beim Hubwechsel wird um so geringer sein, je schmaler die Flügel sind. Als Beispiel sei der Albatros erwähnt, dessen Flügelbreite nur etwa 1/8 der Flügellänge beträgt.

Bei Vögeln mit breiten Flügeln, wie bei den Raub- und Sumpfvögeln, hat die Natur daher auch wohl aus diesem Grunde die Gliederung der Schwungfedern herausgebildet, so daß der geschlossene Flügelteil nur ganz schwache Drehungen zu machen braucht, während die stärkeren Drehungen von jeder Schwungfeder allein ausgeführt werden.

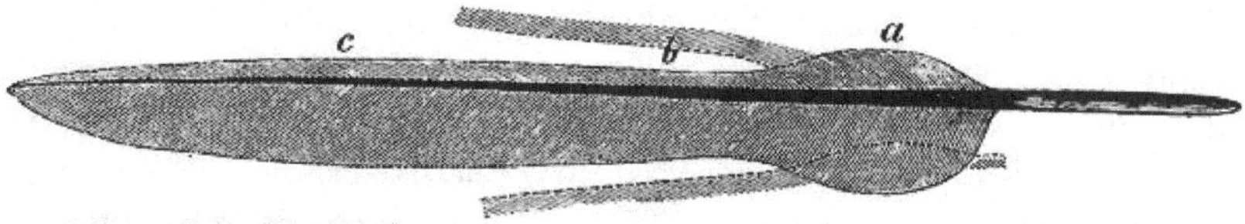

Schwungfeder des Kondors.
1/6 natürlicher Gröfse.

Fig. 74.

Die Rolle der ungeteilten Flügelspitzen der Möwen übernehmen also bei den Vögeln mit ausgebildetem Schwungfedermechanismus wahrscheinlich die einzelnen Schwungfedern selbst. Zu dem Ende müssen, was auch der Fall ist, die Schwungfedern einzelne, schmale, gewölbte Flügel bilden, und sich genügend drehen können, sie dürfen sich daher nicht gegenseitig überdecken.

Wer die Störche beim Fliegen aufmerksam beobachtet hat, wird ein solches Spiel der Schwungfedern bestätigen können, indem beim wechselnden Auf- und Niederschlag der Durchblick durch die gespreizten Fingerfedern bald frei, bald verhindert ist.

Wie zweckbewußt die Natur hierbei zu Werke ging, zeigt die Konstruktion derartiger Schwungfedern und die scharfe Trennung des geschlossenen Flügelteils von demjenigen Teil, der sich in einzelne drehbare Teile gliedert.

Zunächst sehen wir dies an Fig. 74, an der in 1/6 Maßstab gezeichneten Schwungfeder des Kondors.

In der Nähe ihres Kieles ist die Fahne der Feder 75 mm breit und hat bei *a* den Querschnitt Fig. 75, der wohl geeignet ist, die nächste Feder von unten dicht zu überdecken und eine sicher geschlossene Fläche zu bilden.

Fig. 75.

Fig. 76.

Der längere vordere Teil der Feder hat beiderseits viel schmalere Fahnen und zwar ist die Feder bei *b* 48 mm und bei *c* 55 mm breit. Der Querschnitt dieses schmaleren, einen gesonderten Flügel bildenden Teiles ist nach Fig. 76 geformt und hier im natürlichen Maßstabe dargestellt, um ein genaues Bild seiner parabolischen Wölbung geben zu können, und zwar im belasteten Zustande, wo der Kondor kreisend auf der Luft ruhend gedacht ist. Dergleichen Schwungfederfahnen sind übrigens so stark, daß, obwohl eine stärkere Längsverbiegung der Feder eintritt, der Fahnenquerschnitt sich nur sehr wenig verändert.

Wenn man eine solche Schwungfeder nach Abschnitt 27, Fig. 36 behandelt, so findet man eine vom Kiel anfangende und bis zum Ende der Feder zunehmende Torsion derselben, die davon herrührt, daß die hintere Fahne bedeutend breiter, etwa 6mal so breit ist als die vordere. Diese Verdrehung der Feder steht aber im vollkommenen Einklang mit ihrer Funktion, Luftwiderstände zu erzeugen, die vorwärtsziehend wirken.

Wir sehen hier, daß jede einzelne eigentliche Schwungfeder einen kleinen getrennten Flügel für sich bilden soll, der imstande ist, seine zweckdienlichen gesonderten Bewegungen und namentlich gesonderte Drehungen auszuführen.

Am deutlichsten läßt dies der in den Figuren 77 und 78 sowohl beim Auf- als auch beim Niederschlag gezeichnete Querschnitt durch den Schwungfedermechanismus des Kondors erkennen.

Besonders auf die getrennte Wirkung der Schwungfedern hindeutend ist auch noch ihr Breiterwerden nach der Spitze zu anzusehen (siehe Punkt *c* Fig. 74). Dieses hat offenbar nur bessere Flächenausnützung bei vollkommen freier Drehung zum Zweck bei diesen radial stehenden Federn.

Fig. 77.
Aufschlag

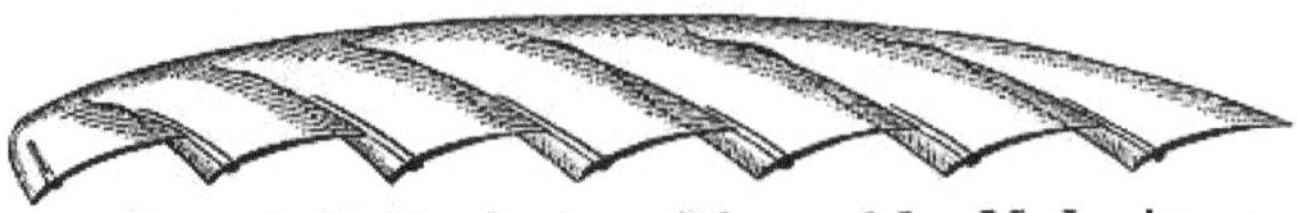

Fig. 78.
Niederschlag

Querschnitt durch einen Schwungfeder-Mechanismus.

Was zur Ausführung dieser einzelnen Federdrehungen den Vögeln an Sehnen und Muskeln fehlt, und was das Fester- und Loserlassen der Häute, in denen der Federkiel steckt, an Drehung nicht hervorzubringen vermag, wird möglicherweise dadurch ersetzt, daß jede Schwungfeder nach vorn eine schmale, nach hinten aber eine breite Fahne hat. Die Natur macht nichts ohne besondere Absicht. Die Konstruktion dieser Schwungfedern deutet offenbar auf ihre Verwendung hin, nach welcher sie als die Auflösung eines größeren, breiten, geschlossenen Flügels in mehrere einzelne schmale, leichter drehbare Flügel anzusehen sind, welche sich aber nicht überdecken dürfen, damit die hinteren breiteren Fahnen, wenn nicht durch willkürliche Muskelkraft, so doch durch den auf der breiten hinteren Fahne ruhenden Luftdruck beim Niederschlag nach oben durchschlagen können. Es ist dies ein Hauptmerkmal der Schwungfedereinrichtung bei allen größeren Raub-

und Sumpfvögeln, welches auch wohl schwerlich anders gedeutet werden kann.

Wir können dieses Thema nun nicht verlassen, ohne noch einmal auf einen Vogel zurückzukommen, welcher gleichsam zum Fliegevorbilde für den Menschen geschaffen zu sein scheint, welcher als einer der größten Vögel unseres Erdteiles auch alle Künste des Fliegens versteht, ein Vogel, den wir in seinem Naturzustande, in der vollen Freiheit seiner Bewegungen beobachten können, wie keinen anderen. Ich meine den Storch, der alljährlich in unsere Ebenen aus seiner, tief im Innern Afrikas gelegenen, zweiten Heimat zurückkehrt, der auf unseren Häusern geboren wird, auf unseren Dächern seine Jugendtage verlebt und über unseren Häuptern von seinen Eltern im Fliegen unterrichtet wird.

Fast möchte man dem Eindrucke Raum geben, als sei der Storch eigens dazu geschaffen, um in uns Menschen die Sehnsucht zum Fliegen anzuregen und uns als Lehrmeister in dieser Kunst zu dienen; fast hört man's, als rief er die Mahnung uns zu:

„O, sieh', welche Wonne hier oben uns blüht,
Wenn kreisend wir schweben im blauen Zenith,
Und unter uns dehnt sich gebreitet
Die herrliche, sonnenbeschienene Welt,
Umspannt vom erhabenen Himmelsgezelt,
An dem nur Dein Blick uns begleitet!

Uns trägt das Gefieder; gehoben vom Wind
Die breiten, gewölbten Fittige sind;
Der Flug macht uns keine Beschwerde;
Kein Flügelschlag stört die erhabene Ruh'.
O, Mensch, dort im Staube, wann fliegest auch Du?
Wann löst sich Dein Fuß von der Erde?

Und senkt sich der Abend, und ruhet die Luft,
Dann steigen wir nieder im goldigen Duft,
Verlassen die einsame Höhe.

Dann trägt uns der Flügelschlag ruhig und leicht
Dem Dorfe zu, ehe die Sonne entweicht;
Dann suchen wir auf Deine Nähe.

So siehst Du im niedrigen Fluge uns ziehn
Im Abendrot über die Gärten dahin.
Zum Neste kehren wir wieder.
Auf heimischem Dache dann schlummern wir ein,
Und träumen von Wind und von Sonnenschein,
Und ruh'n die befiederten Glieder.

Doch treibt Dich die Sehnsucht, im Fluge uns gleich
Dahinzuschweben, im Lüftebereich
Die Wonnen des Flug's zu genießen,
So sieh' unsern Flügelbau, miß unsre Kraft,
Und such' aus dem Luftdruck, der Hebung uns schafft,
Auf Wirkung der Flügel zu schließen.

Dann forsche, was uns zu tragen vermag
Bei unserer Fittige mäßigem Schlag,
Bei Ausdauer unseres Zuges!
Was uns eine gütige Schöpfung verlieh'n,
Draus mögest Du richtige Schlüsse dann zieh'n,
Und lösen die Rätsel des Fluges.

Die Macht des Verstandes, o, wend' sie nur an,
Es darf Dich nicht hindern ein ewiger Bann,
Sie wird auch im Fluge Dich tragen!
Es kann Deines Schöpfers Wille nicht sein,
Dich, Ersten der Schöpfung, dem Staube zu weih'n,
Dir ewig den Flug zu versagen!"

Was treibt denn den Storch sonst, die Nähe des Menschen zu suchen? Den Schutz des Menschen braucht er nicht; er hat keinen Feind aus dem Tierreiche zu fürchten, und Marder, sowie Katzen, die seiner Brut schaden könnten, finden sich auf den Dächern mehr als in der Wildnis. Aber auch diese werden sich hüten, ihn zu stören; denn seine Schnabelhiebe würden sie töten oder wenigstens ihres Augenlichtes berauben. Sein schwarzer Stammesbruder, der seinen menschenfreundlichen Zug mit ihm nicht teilt, trotzdem er in der Gefangenschaft ebenso zahm wird, läßt ihm auch genug Bäume des Waldes übrig, auf denen er seinen Horst fest und sicher aufschlagen könnte. Es ist also keine Wohnungsnot, die ihn zwingt, zu den Bäumen oder Dächern der Dörfer und Städte seine Zuflucht zu nehmen. Sollte die Stimme, der Gesang des Menschen es sein, was ihn anzieht, seine Nähe aufzusuchen, oder hat er vielleicht Freude an des Menschen Wirken und Schaffen? Wer könnte jemals sicheren Aufschluß hierüber geben, ohne die eigentümliche Sprache des Storches zu verstehen?

Jedenfalls reicht diese Freundschaft und dieses Zusammenleben zwischen Storch und Mensch in die sagenhafte Vorzeit zurück; uns aber bleibt nichts anderes übrig, als darüber erfreut zu sein, daß es, sei es durch Klugheit, Zufall oder Aberglauben, so gekommen ist, daß einer der größten Vögel und vorzüglichsten Flieger selbst den Menschen aufsucht, und gerade dann, wenn der herrliche Himmel der warmen Jahreszeit uns in seine Räume lockt, den Anblick seiner Fittige mit ihren weichen, schönen Bewegungen zu unserem Fliegestudium darbietet.

Aber die große Stadt zieht den Storch nicht an, in den stillen Dörfern fühlt er sich am wohlsten, und dort zeigt er sich gegen den Menschen, der ihn stets schonte, sehr zutraulich. So sieht man ihn ganz dicht bei den Feldarbeitern Nahrung suchen. Im hohen Kornfeld, das für ihn so manche Leckerbissen verbirgt, kann er weder gehen noch von demselben wieder auffliegen, darum leistet er den Schnittern Gesellschaft, um dicht hinter ihnen die frei gewordene Fläche nach Ungeziefer abzusuchen. Er weiß, daß unter den Kartoffelsäcken die Mäuse sich gern verbergen, und wenn die Säcke mit den Frühkartoffeln auf den Wagen geladen werden, paßt er gut auf, und manche Feldmaus wandert dabei in seinen Kropf. Angesichts dieser nützlichen Beschäftigung würde der Landmann ein Thor sein, den Storch nicht zu hegen und zu pflegen, wo er nur kann. Diese praktischen Gesichtspunkte verschaffen dem Landbewohner nun aber auch das Vergnügen, seinen Freund als prächtigen Flieger täglich über sich zu sehen.

Es ist wirklich kein Wunder, wenn die Landleute, über deren Haus und Hof in jedem Sommer ein großes Fliegen dieser 2 m klafternden Vögel beginnt, ein regeres Interesse für die Fliegekunst an den Tag legen. Aber der Landmann fürchtet, für einen Windbeutel gehalten zu werden, wenn jemand erfährt, daß er sich mit einer so brotlosen Kunst abgiebt. Und dennoch ist der Verfasser aus keinem anderen Stande so oft als aus diesem angegangen worden, leichte Betriebsmaschinen zu einem verschämt geheim gehaltenen Zweck zu konstruieren.

Gewährt nun schon die Beobachtung des eigentlich wilden Storches, wenn er diesen Namen überhaupt verdient, viel Anregendes, so ist der Umgang mit ganz gezähmten Störchen erst recht interessant und lehrreich. Der junge aus dem Nest genommene Storch läßt sich mit Fleisch und Fisch leicht aufkröpfen und gewöhnt sich sehr an seinen Pfleger; er erreicht einen hohen Grad von Zutraulichkeit und weicht der liebkosenden Hand seines Herrn nicht aus.

Die Flugübungen solcher jung gezähmter Störche geben Anlaß zu den mannigfaltigsten Betrachtungen. Der Jungen Wohnstätte ist von den Dächern entfernter Dörfer in den Garten verlegt, dem sie durch Vertilgung von Ungeziefer sehr nützlich sind. Mehr wie einen jungen Storch erlangt man übrigens selten aus einem Nest, das gewöhnlich 4 Junge enthält; denn die Besitzer von Storchnestern hängen mit inniger Liebe an ihrem Hausfreund auf dem Dache und lassen meist um keinen Preis irgend welche Störung der Storchfamilie zu. Man muß es daher schon als eine ganz besondere Vergünstigung betrachten, wenn man ein einziges Junges aus dem Neste nehmen darf. Die Beschaffung mehrerer junger Störche kann daher auch nur aus mehreren Nestern, sogar meist nur aus mehreren Dörfern geschehen. Dies ist aber auch dann nötig, wenn man Paarungen der gezähmten Störche beabsichtigt, weil der Storch die Inzucht haßt, und die Geschwister niemals Paarungen untereinander eingehen.

Im Garten oder Park also wachsen die zahmen Jungen heran, und der große Rasenplatz dient als Versuchsfeld für die Flugübungen.

Zunächst wird die grüne Fläche des Morgens nach Insekten und Schnecken abgesucht, und mancher Regenwurm, der noch von seinem nächtlichen Treiben her mit dem spitzen Kopfe aus der Erde hervorlugt, wird von den scharfen Augen selbst im tiefsten Grase erspäht, mit der Schnabelspitze langsam hervorgezogen, damit er nicht abreißt, und mit Appetit in den Schlund geworfen. Dann aber beginnt das Studium des Fliegens, wobei zunächst die Windrichtung ausgekundschaftet wird. Wie auf dem Dache, so werden auch hier alle Übungen gegen den Wind ausgeführt. Aber der Wind ist hier nicht so beständig wie auf dem Dache und daher die Übung schwieriger. Zuweilen ruft ein stärkerer, von einer geschützten Seite anwehender Wind Luftwirbel hervor, die bald von hier, bald von dort anwehen. Dann sieht es lustig aus, wie die übungsbeflissenen Störche mit gehobenen Flügeln herumtanzen und nach den Windstößen haschen, die bald von vorn, bald von hinten, bald von der Seite kommen. Gelingt ein so versuchter kurzer Aufflug, dann erschallt sofort freudiges Geklapper. Bläst der Wind beständig von einer freien Seite über die Lichtung, dann wird ihm hüpfend und laufend entgegengeflogen, Kehrt gemacht, und gravitätisch wieder an das andere Ende des Platzes stolziert, um von neuem den Anflug gegen den die Hebung erleichternden Wind zu versuchen.

So werden die Übungen täglich fortgesetzt. Zuerst gelingt bei einem Aufsprung nur ein einziger Flügelschlag; denn bevor zum zweiten Schlage ausgeholt ist, stehen die langen vorsichtig gehaltenen Beine schon wieder auf dem Boden. Sowie aber diese Klippe erst überwunden ist, wenn der zweite Flügelschlag gemacht werden kann, ohne daß die Beine aufstoßen, wenn der Storch also beim zweiten Heben der Flügel den Boden nicht erreichte, dann geht es mit Riesenschritten vorwärts; denn die vermehrte Vorwärtsgeschwindigkeit erleichtert den Flug, so daß auch bald 3, 4 und mehr Flügelschläge bündig hintereinander in einem Satze ausgeführt werden können; unbeholfen, ungeschickt, aber nie unglücklich, weil stets vorsichtig.

Der Storch aber, den man bei niedrigem, langsamem Fluge an den durch Bäume geschützten überwindigen Stellen für einen Stümper hielt, erlangt sofort eine Sicherheit und Ausdauer im Fluge, sobald er über die Baumkronen sich erheben kann und den frischen Wind unter den Flügeln verspürt. Daran merkt man so recht, was der Wind den Vögeln ist, indem auch die jungen Störche gleich durch den Wind verführt werden, die anstrengenden Flügelschläge zu sparen und das Segeln zu versuchen.

Durch diese unerwartete Vervollkommnung im Fluge der jungen Störche, habe ich einst meine drei besten Flieger verloren; denn ich glaubte an eine so schnelle Entwickelung nicht, als eine nur dreitägige Reise mich von Hause rief, und gab daher keine Anweisung, die Störche eingesperrt zu halten, obwohl die Zeit des Abzuges nahte. Bei meiner Rückkehr mußte ich denn auch leider erfahren, daß durch den höheren Flug und die zufällig eingetretenen windigen Tage diese drei jungen Störche, die vorher den Eindruck machten, als hätten sie die größten Anstrengungen bei ihren kleinen niedrigen Flügen, daß diese Tiere plötzlich ausdauernde Flieger geworden, und schon am 31. Juli von anderen vorüberziehenden Störchen zur Mitreise verführt worden seien.

Auf die an die Meinen gerichtete Frage, warum denn der hohe Flug der Störche, von dem sie doch zuerst abends wieder in den Stall zurückkehrten, keine Veranlassung gegeben habe, sie vorsichtig eingeschlossen zu halten, erhielt ich die Antwort: „Hättest du gesehen, wie schön unsere Störche geflogen sind, wie sie sich in den letzten Tagen in der Luft wiegend höher und höher erhoben, du hättest es selbst nicht übers Herz gebracht, sie eingesperrt zu halten und an diesen herrlichen Bewegungen zu hindern, nach denen ihr bittender Blick aus ihren sanften schwarzen Augen verlangte“.

Wir aber wollen am Storch, mit dem unsere Einleitung begann, und der so oft als Beispiel uns diente, später noch eine Rechnung durchführen, welche zeigen wird, in welcher natürlichen Weise sich die Hebewirkungen beim Fliegen entwickeln, wenn diejenigen Momente Berücksichtigung finden, welche hier als die Flugfähigkeit fördernd aufgestellt sind, wenn also die durch Messungen ermittelte Flügelwölbung in Rechnung gezogen wird, und diejenigen Luftwiderstandswerte zur Anwendung gelangen, welche solche gewölbten Flügelflächen bei ihrer Bewegung durch die Luft wirklich erfahren.

Durch die Kenntnis der Luftwiderstandserscheinungen an flügelförmigen Körpern sind wir imstande, wenigstens einigermaßen den Zusammenhang zwischen den Ursachen und Wirkungen beim Vogelfluge zu erklären. Wir können aus den Formen und Bewegungen der Vogelflügel diejenigen Kräfte konstruieren, welche thatsächlich imstande sind, den Vogel mit den Bewegungen, die er nach unseren Wahrnehmungen ausführt, in der Luft zu tragen und seine Fluggeschwindigkeit aufrecht zu erhalten. Wir haben gesehen, wie den Vögeln die längliche, zugespitzte oder in Schwungfedern gegliederte Form ihrer Flügel hierbei zu statten kommt. Wir haben ferner gesehen, daß das Auf- und Niederschlagen der Flügel, welches eigentlich in einer Pendelbewegung besteht, die von Drehbewegungen um die Längsachse begleitet ist, daß diese Flügelbewegung, sobald es sich nebenbei um ein schnelles Vorwärtsfliegen handelt, die größere Tragewirkung der Flugfläche nicht etwa auf die mit starkem Ausschlag versehenen Flügelspitzen verlegt, sondern daß gerade den breiteren, nahe dem Körper gelegenen Flügelteilen, welche wenig auf und nieder gehen, der Hauptanteil zum Tragen des Vogels zufällt.

Die Natur entfaltet gerade in diesen Bewegungsformen des Vogelflügels eine Harmonie der Kräftewirkungen, welche uns so mit Bewunderung erfüllen muß, daß es uns nur nutzlos erscheinen kann, wenn auf anderen Wegen versucht wird zu erreichen, was die Natur auf ihrem Wege so schön und einfach erzielt.

39. Der Ballon als Hindernis.

Während man für die Lösung der Flugfrage den wissenschaftlich gebildeten und praktisch erfahrenen Mechaniker als den eigentlich Berufenen bezeichnen muß, beschäftigt das Fliegeproblem fast ausnahmslos alle Berufsklassen. Die außerordentliche Tragweite, welche die Erfindung des Fliegens haben muß, wird von jedermann erkannt, jedermann sieht täglich an den fliegenden Tieren die Möglichkeit einer praktischen Fliegekunst, auch hat sich bis jetzt kein Forscher gefunden, welcher mit überzeugender Schärfe nachweisen könnte, daß keine Hoffnung für die Nachbildung des Fliegens durch den Menschen vorhanden sei. Unter solchen Umständen ist es natürlich, daß das Interesse für die Flugfrage diese Ausdehnung annehmen mußte. Auffallend aber bleibt es, daß gerade die Berufenen diesem Problem gegenüber sich kühler und indifferenter verhalten, als alle jene, welchen es schwerer wird, das zu durchschauen, was der Vogel macht, wenn er fliegt.

Die Bethätigung der technischen Kreise für die Flugfrage ist eine laue und der Wichtigkeit der Sache selbst nicht entsprechende. Während auf allen technischen Gebieten eine ausgebildete Systematik blüht, herrscht in der Flugtechnik die größte Zerfahrenheit; denn der Meinungsaustausch ist schwach, und — fast jeder Techniker vertritt über das Fliegen seine gesonderte Ansicht.

Die Schuld hieran, wie überhaupt an dem kümmerlichen Standpunkt der Flugfrage, trägt vielleicht nicht zum geringsten die Erfindung des Luftballons. So sonderbar es klingen mag, so ist es doch nicht ganz müßig, sich die Frage vorzulegen, was für einen Einfluß es auf das eigentliche Fliegeproblem gehabt hätte, wenn der Luftballon gar nicht erfunden worden wäre.

Abgesehen davon, daß es bei den Fortschritten der Wissenschaft überhaupt nicht denkbar wäre, daß nicht irgend ein Forscher den Auftrieb leichter Gase in einem Ballon zur Anwendung gebracht hätte, kann man dennoch erwägen, wie es um die aerodynamische Flugfrage heutigen Tages stände, wenn die Aerostatik bei der Luftschiffahrt gar nicht zur Geltung gekommen wäre.

Ehedem hatte man nur den Vogel als Vorbild, da aber stellte plötzlich der erste Ballon die ganze Flugfrage auf einen anderen Boden. Wahrhaft berauschend muß es gewirkt haben, als vor einem Jahrhundert der erste Mensch sich wirklich von der Erde in die Lüfte erhob. Es kann nicht überraschen, wenn alle Welt glaubte, daß die Hauptschwierigkeit nun überwunden sei, und es nur geringer Hinzufügungen bedürfe, um den Aerostaten, der so sicher die Hebung in die Luft bewirkte, auch nach beliebigen Richtungen zu dirigieren und so zur willkürlichen Ortsveränderung ausnützen zu können.

Kein Wunder also, daß alles Streben auf dem Gebiet der Aeronautik dahin ging, nun den Ballon auch lenkbar zu machen, und daß namentlich auch die technisch gebildeten Kreise lebhaft diesen Gedanken verfolgten. Man klammerte sich an das vorhandene, greifbare, sogar bestechende Resultat und dachte natürlich nicht daran, die als außerordentliche Errungenschaft erkannte Hebekraft des Luftballons so leicht wieder aufzugeben. Wie verlockend war es nicht, nach diesem jahrtausendelangen Suchen endlich die Gewißheit zu erhalten, daß auch der Luftocean seine Räume uns erschließen mußte. Dieses neue Element nun auch für die freie Fortbewegung zu gewinnen, konnte ja nicht mehr schwer sein. Es schien, als ob es nur noch an einer Kleinigkeit läge, um das große Problem der Luftschiffahrt vollends zu lösen.

Diese Kleinigkeit hat sich inzwischen aber als die eigentliche, und zwar als eine unüberwindliche Schwierigkeit erwiesen; denn wir überzeugen uns immer mehr und mehr, daß der Ballon das bleiben wird, was er ist, — „ein Mittel, sich hoch in die Luft zu erheben, aber kein Mittel zur praktischen und freien Luftschiffahrt".

Jetzt, wo diese Einsicht immer mehr Boden gewinnt, wo also der Ballontaumel seinem Ende sich naht, kehren wir eigentlich mit der Flugfrage zu dem alten Standpunkte zurück, den sie vor der Erfindung des Ballons eingenommen hat, und unwillkürlich drängt sich uns die Frage auf, wieviel die Fliegekunst hätte gefördert werden können, wenn die Aufmerksamkeit nicht hundert Jahre von ihr abgelenkt worden wäre, und wenn jene außerordentlichen Mittel des Geistes wie des Geldbeutels, welche in die Lenkbarkeit des Luftballons hineingesteckt wurden, ihr hätten zu gute kommen können.

In Zahlen lassen sich solche Fragen nicht beantworten, aber jener Überzeugung können wir uns nicht verschließen, daß ohne den Luftballon die Energie in Verfolgung der Ziele der eigentlichen Aviatik jetzt ungleich größer sein würde, weil erst durch die Enttäuschungen, welche der Luftballon herbeiführte, dieser leidige Skepticismus um sich griff, der die eigentlich Berufenen der Fliegeidee so sehr entfremdete, und daß auf diesem Forschungsgebiet, wo fast jeder systematisch ausgeführte Spatenstich Neues zu Tage fördern muß, manches erschlossen sein würde, über das wir uns jetzt noch in vollkommener Unwissenheit befinden.

Wir dürfen wohl somit annehmen, daß der Ballon der freien Fliegekunst eigentlich nicht genützt hat, wenn man nicht so weit gehen will, den Luftballon geradezu als einen Hemmschuh für die freie Entwickelung der Flugtechnik anzusehen, weil er die Interessen zersplitterte und diejenige

Forschung, welche dem freien Fliegen dienen sollte, auf eine falsche Bahn verwies.

Diese falsche Richtung ist aber hauptsächlich darin zu erblicken, daß man einen allmählichen Übergang suchte von dem Ballon zu der für schnelle, freie Bewegung in der Luft geeignete Flugvorrichtung. Der Ballon blieb immer der Ausgangspunkt und zerstörte durch sein schwerfälliges Volumen jeden Erfolg.

Es giebt nun einmal kein brauchbares Mittelding zwischen Ballon und Flugmaschine. Wenn uns noch etwas zum wirklichen freien Fliegen verhelfen kann, so ist es kein allmählicher Übergang vom Auftrieb leichter Gase zum Auftrieb durch den Flügelschlag, sondern ein Sprung von der Aerostatik zurück zur reinen Aviatik.

Lassen wir dem Ballon sein Wirkungsfeld, welches überall da ist, wo es sich darum handelt, einen hohen Umschauposten in Form des gefesselten Ballons zu errichten, oder in hoher Luftreise sich mit dem Winde dahinwehen zu lassen! Die Zwecke der Flugtechnik aber sind andere. Die Luftschiffahrt im eigentlichen Sinne kann uns nur nützen, wenn wir schnell und sicher durch die Luft dahin gelangen, wohin wir wollen und nicht dahin, wohin der Wind will.

In der Erreichung dieses Zieles hat der Ballon uns doch wohl nur gestört.

Dieser störende Einfluß wird aber aufhören, und man wird es um so ernster nehmen mit den Aufgaben, die zu lösen sind, da nicht nur vieles, sondern fast alles nachzuholen bleibt.

Auch die Techniker werden sich einigen und aus ihrer vornehmen Reserve heraustreten; denn es ist heute unverkennbar, daß sich gegenwärtig das Interesse wieder mehr und mehr dem aktiven Fliegen zuwendet, und so haben wir denn auch diesen Zeitpunkt für geeignet gehalten, dasjenige, was wir an Erfahrungen auf diesem Gebiet gesammelt haben, der Öffentlichkeit zu übergeben.

40. Berechnung der Flugarbeit.

Es soll nun an einem größeren Vogel die Berechnung seiner Flugarbeit unter Anwendung der in diesem Werke niedergelegten Anschauungen durchgeführt werden. Wir erhalten dadurch ein Beispiel für die praktische Benutzung der Luftwiderstandswerte vogelflügelähnlicher Körper, deren Bekanntmachung ein Hauptzweck dieses Werkes ist.

Über die Diagramme ist noch im allgemeinen zu sagen, daß bei den zu Grunde liegenden Versuchen besondere Sorgfalt auf die Bestimmung der Widerstände bei den kleineren Winkeln verwendet ist, indem in der Nähe von Null Grad in Abständen von 11/2° die Messungen vorgenommen wurden.

Um den Flug auf der Stelle bei windstiller Luft handelt es sich hier nicht, derselbe ist bereits im Abschnitt 18 durch Beispiele erläutert. Derselbe kann auch von dem hier als Beispiel dienenden Storch nicht ausgeführt werden, ebensowenig wie derselbe jemals vom Menschen in Anwendung gebracht werden wird.

Was wir hier zu untersuchen haben, ist die Luftwiderstandswirkung beim Segelflug und die Kraftanstrengung beim Ruderflug. Für diese beiden Arten des Fliegens kommen aber nur kleinere Winkel der Flächenneigung gegen die Bewegungsrichtung der Flügel zur Anwendung.

Als Beispiel ist der Storch gewählt, weil kein anderer ebenso großer Vogel und ebenso gewandter Flieger eine gleich gute Beobachtung gestattet.

Der Flügel Fig. 1 auf Tafel VIII ist einem unserer zu Versuchszwecken gehaltenen Störche entnommen und zwar einem weißen Storch, während als Muster für die Mitte der Figur 35 auf Seite 89 ein schwarzer Storch diente. Bei letzterem zählt man 8 eigentliche Schwungfedern an jedem Flügel, der weiße Storch hingegen, der uns jetzt beschäftigen wird, hat deren nur 6.

Die Flügelkontur ist hergestellt durch Ausbreiten und Nachzeichnen des lebenden Storchflügels, und auf Tafel VIII auf 1/6 Maßstab verkleinert.

Der zu dieser Abmessung verwendete Storch wog 4 kg; seine beiden Flügel hatten zusammen eine Fläche von 0,5 qm.

Es fragt sich nun zunächst, bei welchem Wind dieser Storch ohne Flügelschlag segeln kann.

Nach Tafel V erfährt eine passend gewölbte Flügelfläche horizontal ausgebreitet einen normal nach oben gerichteten Luftdruck, welcher nach Tafel VII gleich 0,55 von demjenigen Druck ist, den eine normal getroffene ebene Fläche von gleicher Größe erhält. Der auf den segelnden Vogel wirkende hebende Luftdruck braucht nur genau gleich seinem Gewichte zu sein; hier also gleich 4 kg.

Nennen wir die erforderliche Windgeschwindigkeit v, so entwickelt sich dieses aus der Gleichung $4 = 0{,}55 \times 0{,}13 \times 0{,}5 \times v2$, woraus folgt $v = 10{,}6$.

Der Storch kann also bei einer Windgeschwindigkeit von 10,6 m segelnd auf der Luft ruhen, vorausgesetzt, daß seine Flügel ebenso vorteilhaft wirken, als unsere Versuchsflächen; da sie aber offenbar besser wirken, so können wir das Minimum seines Segelwindes wohl auf 10 m Geschwindigkeit abrunden. Die Flügel werden hierbei annähernd horizontal ausgebreitet sein. Wie schon im Abschnitt 37 erwähnt, müssen beim wirklichen Vogelflügel auch noch insofern günstigere Verhältnisse obwalten, als der Luftdruck noch eine kleine treibende Komponente erhalten muß, die nicht bloß genügt, den Winddruck auf den Körper des Storches aufzuheben, sondern welche diesen Körper noch gegen den Wind treiben kann. Wir haben Störche beobachtet, welche ohne Flügelschlag und ohne zu sinken, auch ohne zu kreisen mit wenigstens 10 m Geschwindigkeit gegen den Wind von 10 m anflogen. Der Körper dieser Störche erfuhr also einen Widerstand, der einer Geschwindigkeit von 20 m entsprach.

Wenn der Storch behaglich auf einem Beine steht, wo die angelegten Flügel seinen Umfang vergrößern und die Federn ihn lose umgeben, dann ergiebt die Messung einen Querschnitt des Körpers von 0,032 qm. Ein gewaltiger Unterschied in der Form aber tritt ein, wenn der Storch die Flügel ausbreitet und die Federn sich glatt an den Körper anlegen, dann sieht der mit ausgestrecktem Hals, Schnabel und Füßen fliegende Storch aus wie ein dünner Stock zwischen den mächtigen Flächen seiner Schwingen. Dann bleibt für den Körper nur ein Querschnitt von 0,008 qm übrig, der überdies durch Schnabel und Hals nach vorn, wie durch den Schwanz nach hinten eine äußerst vorteilhafte Zuspitzung erfährt. Durch diese günstige Form dürfte der Luftwiderstand des größten Querschnittes einen Verminderungskoeffizienten von 1/4 erfahren und der Widerstand des Körpers nach der Flugrichtung sich daher auf $W = 1/4 \times 0{,}13 \times 0{,}008 \times 202 = 0{,}104$ kg berechnen.

Segelt der Storch also gegen den Wind mit 10 m absoluter Geschwindigkeit, so muß ihn der Druck unter seinen Flügeln noch mit cirka 0,1 kg vorwärts treiben; der Winddruck muß daher bei seiner hebenden Komponente von 4 kg eine treibende Komponente von 0,1 kg besitzen, er muß also um den Winkel arc tg 1/40 = cirka 1,5° vor der Normalen liegen.

Es ist nicht unwahrscheinlich, daß sich dieser kleine, spitze Treibewinkel bei recht sorgfältiger experimenteller Ausführung auch noch feststellen ließe, nachdem wir bereits durch den Versuch den Widerstand des Windes in die Normale hineinbekommen haben.

Der Storch ist aber nicht gezwungen, genau gegen den Wind zu segeln; die aufsteigende Komponente der Windgeschwindigkeit kommt ihm nach jeder Richtung zu gute und giebt ihre lebendige Kraft zum vollkommenen Segeleffekt an ihn ab, wenn er nur um cirka 10 m die ihn umgebende Luft des Segelwindes überholt.

Die aufsteigende Windrichtung, die das Segeln ermöglicht, ist aber nicht immer gleich, sondern, wie wir gesehen haben, schwankt dieselbe beständig auf und nieder. (Siehe Fig. 3 auf Tafel V.) Diese Schwankungen sind nun jedenfalls nicht nur bis zu einer Höhe von 10 m, bis wie weit wir sie maßen, vorhanden, sondern erstrecken sich sicher auch bis in Höhen, in denen die Vögel ihren dauernden Segelflug ausüben. Darum aber sehen wir die segelnden Vögel beständig mit den Flügeln drehen und wenden, und in jedem Augenblick eine neue günstigste Stellung ausprobieren, sowie ihre eigene Geschwindigkeit der wechselnden Windgeschwindigkeit anpassen.

Es ist wahrscheinlich, daß das Kreisen der Vögel ebenso mit den Perioden in der Windneigung und Windgeschwindigkeit im Zusammenhange steht, als mit der Geschwindigkeitszunahme des Windes nach der Höhe.

Kein Wunder ist es, daß die Vögel auch die feinsten Unterschiede in der Luftbewegung fühlen, denn ihre ganze Oberfläche ist für dieses Gefühl in Thätigkeit. Ihre lang und breit ausgestreckten Flügel bilden einen empfindlichen Fühlhebel, und namentlich in den Häuten, aus denen die Schwungfedern hervorwachsen, wird das feinste Gefühl sich konzentrieren, wie in unseren Fingerspitzen.

Während also beim eigentlichen Segeln die Geschicklichkeit die Hauptrolle spielt, ist die Flugarbeit selbst theoretisch gleich Null.

Wenn der Mensch jemals dahin gelangen sollte, die herrlichen Segelbewegungen der Vögel nachzuahmen, so braucht er dazu also weder Dampfmaschinen noch Elektromotore, sondern nur eine leichte, richtig geformte und genügend bewegliche Flugfläche, sowie vor allem die gehörige Übung in der Handhabung. Auch dem Menschen muß es in das Gefühl übergegangen sein, dem jedesmaligen Wind durch die richtige Flügelstellung den größten oder vorteilhaftesten Hebedruck abzugewinnen. Vielleicht gehört hierzu weniger Geschicklichkeit als auf hohem Turmseil ein Gericht Eierkuchen zu backen, wenigstens wäre die Geschicklichkeit hier auch nicht schlechter angewandt; und auch viel gefährlicher dürfte das Unternehmen nicht sein, mit kleineren Flächen anfangend und allmählich zu großen übergehend, das Segeln im Winde zu üben.

Unsere Künstler auf dem Seil sind übrigens zuweilen nicht ganz unerfahren in den Vorteilen, die ihnen der Luftwiderstand bieten kann. Vor einigen Jahren sah ich in einem Vergnügungslokal am Moritzplatz in Berlin eine junge Dame auf einem Drahtseil spazieren, welche sich mit einem riesigen Fächer beständig Kühlung zuwehte. Auf den Unbefangenen machte es den Eindruck, als sei die Produktion durch die Handhabung des Fächers erst recht schwierig, worauf auch der Applaus hindeutete. Demjenigen aber, welcher sich mit der Ausnutzung des Luftwiderstandes beschäftigt hat, konnte es nicht entgehen, daß jene Dame den graziös geführten Fächer einfach benutzte, um ununterbrochen eine unsichtbare seitliche Stütze in dem erzeugten Luftwiderstand sich zu verschaffen und so die Balance leichter aufrecht zu halten.

Wenn nun bei unserem Storch der Wind die Geschwindigkeit von 10 m nicht erreicht, und die Differenz in den lebendigen Kräften der anströmenden verschieden schnellen Luft durch Lavieren und Kreisen sich nicht so weit ausnützen läßt, daß das arbeitslose Segeln allein zur Hebung genügt, so muß zu den Flügelschlägen gegriffen werden und die eigene Kraft einsetzen, wo die lebendige Kraft des Windes nicht ausreicht; dann muß künstlich der hebende Luftwiderstand erzeugt werden.

Gehen wir nun gleich zu dem äußersten Falle über, wo die helfende Windwirkung ganz fortfällt, wo also der Storch, wie so oft beim Nachhausefliegen an schönen Sommerabenden, gezwungen ist, bei Windstille sich ganz auf die aktive Leistung seiner Fittige zu verlassen. Es treten dann die Widerstandswerte von Tafel VI in Wirkung.

Der ganze Fliegevorgang nimmt jetzt aber eine andere Gestalt an. Der vorher beim Segeln vorhandene gleichmäßige Hebedruck trennt sich in zwei verschiedene Hälften, von denen die eine beim Aufschlag, die andere beim Niederschlag wirkt.

Eine allgemeine Gleichung für den Ruderflug entwickeln zu wollen, wäre nutzlos, weil die Luftwiderstandswerte, welche hier zur Anwendung kommen, sich nicht in Formeln zwängen lassen, und weil sich hier offenbar auf vielen verschiedenen Wegen ein gutes Resultat erzielen läßt. Wir haben schon gesehen, wie ungleichartig die Funktion des Flügelaufschlages auftreten kann, und wie mehrere dieser Wirkungsarten von Vorteil sein können, wenn nur der Niederschlag der Flügel danach eingerichtet wird. Maßgebend für die Wahl der Bewegungsart der Flügel wird auch die zu erreichende Geschwindigkeit sein.

Greifen wir auch hier nun den Fall heraus, den der Storch bei ruhigem Ruderfluge in windstiller Luft ausführt. Es sind dann zunächst noch mehrere Faktoren in die Rechnung einzuführen und zwar:

1. Die Fluggeschwindigkeit.

2. Die Zahl der Flügelschläge pro Sekunde.

3. Die Zeiteinteilung für Auf- und Niederschlag.

4. Die Größe des Flügelausschlages.

5. Die Neigung der einzelnen Flügelprofile gegen die zugehörigen absoluten Wege.

Die 4 ersten dieser Faktoren lassen sich durch die einfache Beobachtung annähernd feststellen, über den 5. Faktor kann aber kaum die Momentphotographie Aufschluß geben, und man thut daher gut, hierbei durch Versuchsrechnungen die günstigsten Neigungen des Flügels zu ermitteln.

Es kommt natürlich vor allen Dingen darauf an, denjenigen Fall herauszufinden, wo die geringste motorische Leistung erforderlich ist. Es ist aber anzunehmen, daß der Storch bei gewöhnlichem Ruderfluge sich diejenigen Flugverhältnisse heraussucht, unter denen er eine Minimalarbeit zu leisten hat. Er wird auch diejenige Fluggeschwindigkeit wählen, welche keine besondere Vergrößerung der Arbeit mit sich bringt. Da wir nun wissen, daß der Flug auf der Stelle so anstrengend ist, daß der Storch ihn überhaupt nicht ausführen kann, während mit zunehmender Fluggeschwindigkeit die Arbeit sich zunächst vermindert, wobei aber, wenn eine gewisse Schnelligkeit überschritten wird, wieder eine Zunahme der Arbeit sich einstellen muß, indem die auf das Durchschneiden der Luft kommende Leistung im Kubus der Fluggeschwindigkeit wächst, so muß irgendwo ein Minimalwert der Arbeit bei einer gewissen mittleren Geschwindigkeit liegen oder es müssen, was sehr wahrscheinlich ist, zwischen weiteren Grenzen der gewöhnlichen Fluggeschwindigkeit der Vögel Arbeitsquantitäten erforderlich sein, die dem Minimalwert sehr nahe kommen.

Der Storch legt nun bei Windstille etwa 10-12 m pro Sekunde zurück; denn er hält ungefähr gleichen Schritt mit mäßig schnell fahrenden Personenzügen. Der Storch macht dabei 2 doppelte Flügelschläge in jeder Sekunde, und bei dieser langsamen Bewegung kann man das Zeitverhältnis der Auf- und Niederschläge durch einfache Beobachtung schon erkennen; man kann annehmen, daß die Zeiten sich verhalten wie 2:3, daß also 2/5 der Zeit eines Doppelschlages zum Aufschlag und 3/5 zum Niederschlag verwendet werden.

Der 4. Faktor, der Flügelausschlag, läßt sich als einfacher Winkel nicht angeben; denn vom Storch gilt auch das früher von der Möwe im Abschnitt 38 Gesagte, er bewegt die Flügelspitzen in viel größerem Winkel als die Armteile. Hier könnte allerdings die Photographie gute Dienste leisten zur

Kontrolle, ob der Ausschlag, der hier nach Figur 2 auf Tafel VIII bei der Rechnung zu Grunde gelegt ist, ungefähr die richtige Form hat. Diese Figur 2 ist einfach nach dem Anblick niedergezeichnet, den der Storch in seiner Ansicht von vorn oder hinten beim Fluge darbietet.

Nach diesen Wahrnehmungen kann man die Bewegungsform der Storchflügel annähernd zusammensetzen.

Es soll nun zunächst untersucht werden, ob sich mit Hülfe der uns jetzt bekannten Luftwiderstandswirkungen der Nachweis führen läßt, daß der Storch mit seinen Flügelschlägen sich im Fluge halten kann, und dann, wieviel Arbeit er dabei leisten muß.

Zu dem Ende denken wir uns den Flügel Fig. 1 auf Tafel VIII in 4 Teile geteilt. *A* ist der zum Oberarm und *B* der zum Unterarm gehörige Flügelteil. *C* ist die geschlossene Handfläche und *D* sind die Flächen der Fingerfedern. Die Dimensionen dieser einzelnen Teile nebst ihren Flächengrößen sind in Zeichnung angegeben.

Wir wollen nun annehmen, daß jeder der Teile *A*, *B*, *C* und *D* eine gleichmäßige Geschwindigkeit habe, und der specifische Widerstand ihrer Mittelpunkte *a*, *b*, *c* und *d* gleichmäßig über jedes der betreffenden Flächenstücke verteilt sei.

In Fig. 2 sehen wir den Flügelausschlag mit den Hüben für *a*, *b*, *c* und *d* in 1/20 Maßstab. Das Auf- und Niederschwingen der Flügel wird eine, die gesamte Massenschwingung neutralisierende, entgegengesetzte Hebung und Senkung des Storchkörpers zur Folge haben. Da der Flügelaufschlag aber auch erheblich zum Tragen mitwirkt, so brauchen wir weiter keine Hebung und Senkung des Storches zu berücksichtigen. Bei dem mäßigen Ausschlag und der Kürze des Oberarmes wird der Schwingungsmittelpunkt für beide Seiten des Storches in die Nähe des Punktes *a* fallen. Die Fläche *A* macht daher annähernd eine geradlinige und bei dem hier zu betrachtenden horizontalen Fluge auch eine horizontale Bahn. Demgegenüber sei zunächst der Ausschlag von *b* gleich 0,12 m, von *c* gleich 0,44 und von *d* gleich 0,88 m, auf dem Bogen gemessen.

Wenn der Storch zwei Flügelschläge in 1 Sekunde auf 10 m verteilt, so kommt er beim einmaligen Heben und Senken der Flügel 5 m vorwärts, und zwar 2 m beim Aufschlag, 3 m beim Niederschlag. Trägt man diese Strecken nebeneinander in 1/50 Maßstab auf und entnimmt entsprechend verkleinert aus Fig. 2 die Hübe der einzelnen Flügelteile, so erhält man in Fig. 3 auf Tafel VIII die absoluten Wege, welche von *a*, *b*, *c* und *d* in der Luft beschrieben werden. Die punktierte Linie ist der Weg der Flügelspitzen.

Jetzt bleibt noch übrig, die Neigung der Flügelelemente gegen ihre absoluten Wege zu bestimmen und denjenigen Fall herauszusuchen, der solche Widerstände giebt, daß der Storch zunächst damit fliegen kann und dann auch möglichst wenig Arbeit gebraucht.

Um diese Versuchsrechnung auszuführen, kommt man am schnellsten zum Ziel, wenn man für die Flächenstücke *A*, *B*, *C* und *D* sowohl beim Aufschlag, als beim Niederschlag für eine Anzahl spitzer Winkel über Null und unter Null die Widerstände als hebende und treibende Komponenten ausrechnet und als Tabellen zusammenstellt. Dann erhält man den nötigen Überblick für die Wahl der Winkel, welche die vorteilhaftesten Wirkungen geben, und kann durch kurze Zusammenstellungen leicht ein brauchbares Resultat herausfinden.

Als Beispiel soll der Widerstand des Flügelstückes *C* beim Niederschlag berechnet werden, wenn dasselbe gegen seinen Luftweg vorn um 3° gehoben ist. Die Fläche *C* hat 0,076 qm Inhalt. Tafel VII giebt den hier anzuwendenden Koeffizienten bei 3° auf 0,55 an. Die Geschwindigkeit ist durch die schräge Lage des Weges auf 10,1 m vermehrt, und daher erhält der Widerstand die Größe:

$$0{,}55 \times 0{,}13 \times 0{,}076 \times 10{,}12 = 0{,}554 \text{ kg.}$$

Tafel VI giebt uns die Richtung dieses Widerstandes. Wenn die Fläche sich um 3° vorn angehoben horizontal bewegte, würde der Luftdruck nach Fig. 1 Tafel VI um 3° nach rückwärts stehen. Die Fläche *C* bewegt sich aber um 81/2° schräg abwärts, wodurch die Widerstandsrichtung um 81/2 - 3 = 51/2° nach vorn geneigt wird. (Siehe Fig. 5 auf Tafel VIII.)

Man erhält hierdurch neben der

hebenden Komponente von 0,554 × cos 51/2° = 0,551 kg
die treibende Komponente von 0,554 × sin 51/2° = 0,053 kg.

In dieser Weise sind nun die beiden untenstehenden Tabellen für Auf- und Niederschlag ausgerechnet. Die Zahlen bedeuten die Luftwiderstandskomponenten in Kilogrammen für die entsprechenden Neigungswinkel. Wo die horizontalen Komponenten treibend ausfielen, wurden dieselben als positiv, die hemmenden Komponenten dagegen als negativ bezeichnet.

Aufschlag.

	A		*B*		*C*		*D*	
	vert. Komp.	vert. Komp.	vert. Komp.	vert. Komp.	vert. Komp.	vert. Komp.	vert. Komp.	vert. Komp.
+9°	0,634	-0,066						

+6°	0,555	-0,044	0,610	-0,079				
+3°	**0,436**	**-0,023**	0,479	-0,049	0,523	-0,145		
0°	0,317	-0,019	**0,348**	**-0,040**	0,395	-0,112	0,260	-0,130
-3°			0,216	-0,034	**0,235**	**-0,077**	0,155	-0,089
-6°					0,135	-0,070	0,064	-0,052
-9°							**-0,015**	**-0,035**
(wegen der Schlagwirkung und Verkürzung)					× 1,0		× 1,0	

Niederschlag.

	A		*B*		*C*		*D*	
	vert. Komp.	vert. Komp.	vert. Komp.	vert. Komp.	vert. Komp.	vert. Komp.	vert. Komp.	vert. Komp.
+9°	0,634	-0,066	0,690	-0,048	0,808	+0,026	0,504	+0,086
+6°	**0,555**	**-0,044**	**0,610**	**-0,024**	0,707	+0,044	0,442	+0,088
+3°	0,436	-0,023	0,479	-0,008	**0,551**	**+0,053**	0,350	+0,082
0°	0,317	-0,019	0,348	-0,010	0,404	+0,034	**0,260**	**+0,060**
-3°			0,216	-0,016	0,252	+0,008	0,180	+0,030
-6°					0,150	-0,025	0,078	-0,001
-9°							0,011	-0,037
(wegen der Schlagwirkung)					× 1,75		× 2,25	

Ein brauchbares Verhältnis stellt sich nun z. B. heraus, wenn beim Aufschlag die Flächen *A* unter +3°; *B* unter 0°; *C* unter -3° und *D* unter -9° geneigt sind, während dieselben beim Niederschlag entsprechend unter +6°; +6°; +3° und 0° sich gegen die absoluten Wege einstellen, welche Werte in den Tabellen hervorgehoben sind.

Bei den Flächenteilen *C* und *D* wird man eine Widerstandsvergrößerung durch die Schlagbewegung nicht vernachlässigen dürfen; es ist aber zu berücksichtigen, daß beim Aufschlag die Flügel etwas verkürzt und zusammengezogen werden. Während man daher beim Aufschlag die Werte der Tabelle benutzt, wird es nicht zu hoch gegriffen sein, wenn man beim Niederschlag für *C* etwa das 1,75fache und für *D* das 2,25fache der Tabellenwerte rechnet und dann gleichzeitig die durch den Flügelausschlag eintretenden Kraftverkürzungen vernachlässigt.

Dieses berücksichtigend erhält man dann die beiden folgenden Summen für einen Flügel:

beim Aufschlag			beim Niederschlag		
	Vertikal-druck	Horizontal-druck		Vertikal-druck	Horizontal-druck
A	0,436	-0,023	*A*	0,555	-0,044
B	0,348	-0,040	*B*	0,610	-0,024
C	0,235	-0,077	*C*	0,964	+0,092
D	-0,015	-0,035	*D*	0,585	+0,135
kg	1,004	-0,175	kg	2,714	+0,160
für 2 Flügel:					
kg	2,008	-0,368	kg	5,428	+0,360

Zieht man den Hebedruck beim Aufschlag von dem Storchgewicht ab, so bleiben

$$4 - 2{,}008 = 1{,}992 \text{ kg}$$

übrig, die den Storch während der Zeit des Aufschlages niederdrücken.

Da wir auf Seite 161 gesehen haben, daß der Storchkörper beim Segeln bei 20 m relativer Luftgeschwindigkeit 0,1 kg Widerstand verursacht, so erfährt er jetzt bei 10 m ungefähr 0,025 kg. Dies kommt aber beim Heben der Flügel zu der hemmenden Komponente noch hinzu, und es ergiebt sich die aufhaltende Kraft:

$$0{,}368 + 0{,}025 = 0{,}393 \text{ kg.}$$

Der Storch wird also, solange er die Flügel hebt, mit

1,992 kg niedergedrückt und mit **0,393** kg gehemmt.

Dies muß nun der Niederschlag unschädlich machen. Da derselbe aber 3/2mal so lange dauert, so braucht während seiner Zeit nur ein

Hebedruck von 2/3 × 1,992 = **1,328** kg und
ein Treibedruck von 2/3 × 0,393 = **0,262** kg

zu wirken.

Indem man nun aber vom hebenden Widerstand beim Niederschlag das Storchgewicht, und vom treibenden Druck den Widerstand des Storchkörpers abzieht, erhält man während der Niederschlagszeit den

Hebedruck 5,428 - 4 = **1,428** kg und
den Treibedruck 0,0360 - 0,025 = **0,335** kg,

welche beide noch etwas größer sind, als erforderlich war.

Der Storch kann also unter diesen Bewegungsformen horizontal bei Windstille fliegen.

In den Figuren 4 und 5 auf Tafel VIII sind die hier ausgerechneten Flügeldrucke sowohl beim Auf- als beim Niederschlag in richtigen Verhältnissen eingezeichnet, unter Angabe der Profilneigungen und Wegrichtungen an den entsprechenden Stellen. Bei den Schwungfedern ist der Querschnitt einer solchen Feder in natürlicher Größe und richtig geneigt angegeben.

Der Storch kann aber nun nicht bloß bei den gewählten Verhältnissen fliegen, sondern es lassen sich noch viele andere Kombinationen der Flügelneigungen heraussuchen, bei denen das Fliegen möglich ist. Die gewählte Art wird aber annähernd das Minimum der Arbeit geben.

Beim Aufschlag braucht der Storch keine Arbeit zu leisten; denn die Flügel geben nur dem von unten wirkenden Drucke nach. Wenn der Flügel beim Aufschlag in seinen Gelenken wie eine elastische Feder nach oben durchgebogen würde, so daß er den nach unten ziehenden Sehnen und Muskeln beim Niederschlag zu Hülfe käme, so könnte derselbe sogar zu einer Aufspeicherung der Arbeit verwendet werden, und in gewissem Grade ist dieses beim natürlichen Flügel auch wohl der Fall. Diese theoretisch gewonnene Arbeit erhält man, wenn man die hebenden Drucke mit ihren Wegen multipliziert. Für einen Aufschlag giebt

die Fläche		*A*	die Arbeit		0,0		
-	-	*B*	-	-	0,348 × 0,12 =	0,0417	kgm
-	-	*C*	-	-	0,235 × 0,44 =	0,1034	-
-	-	*D*	-	-	-0,015 × 0,88 =	-0,0132	-

+0,1319 kgm.

Theoretisch ließe sich für beide Flügel ein Arbeitsgewinn von 2 × 0,1319 = 0,2638 kgm bei einem Aufschlag erzielen, der sich in einer Sekunde verdoppelt auf 2 × 0,2638 = 0,5276 kgm.

Beim Niederschlag sind aufzuwenden an Arbeiten für die Fläche:

A die Arbeit 0,0

B - - 0,610 × 0,12 = 0,0732 kgm

C - - 0,964 × 0,44 = 0,4241 -

D - - 0,585 × 0,88 = 0,5148 -

1,0121 kgm.

Jeder Niederschlag verursacht also für beide Flügel die Arbeit 2 × 1,0121 kgm, und da 2 Niederschläge pro Sekunde erfolgen, so erhält man als Flugarbeit für den Storch bei windstiller Luft 2 × 2 × 1,01 = 4,04 kgm, wenn man die, theoretisch als Arbeitsgewinn anzusehende Aufschlagsarbeit nicht abzieht. Würde man aber einen Teil der letzteren in Abzug bringen, so ließe sich diese Arbeit des Storches beim Ruderfluge in Windstille auf cirka 4 kgm abrunden.

Noch etwas vorteilhafter stellt sich das Arbeitsverhältnis heraus, wenn der Storch die Flügelarme noch weniger auf und nieder bewegt, wie z. B. in Fig. 2 auf Tafel VIII punktiert angedeutet, wenn also der Punkt *b* etwa nur 0,06 m, *c* nur 0,26 m und *d* den verhältnismäßig großen Hub 0,76 m erhält. Es ergeben sich dann die analog wie früher gebildeten nachstehenden Tabellen:

Aufschlag.

	A		*B*		*C*		*D*	
	vert. Komp.	vert. Komp.	vert. Komp.	vert. Komp.	vert. Komp.	vert. Komp.	vert. Komp.	vert. Komp.
+9°	0,634	-0,066						
+6°	0,555	-0,042	0,610	-0,063				
+3°	**0,436**	**-0,023**	**0,479**	**-0,037**	0,560	-0,102		

0°	0,317	-0,019	0,348	-0,030	0,408	-0,087	0,240	-0,105
-3°			0,216	-0,028	**0,250**	**-0,059**	0,148	-0,072
-6°					0,131	-0,057	**0,072**	**-0,055**
-9°							-0,016	-0,042
(wegen der Schlagwirkung und Verkürzung)					× 1,0		× 1,0	

Niederschlag.

	A		*B*		*C*		*D*	
	vert. Komp.	vert. Komp.	vert. Komp.	vert. Komp.	vert. Komp.	vert. Komp.	vert. Komp.	vert. Komp.
+9°	0,634	-0,066	0,690	-0,060	0,808	-0,014	0,505	+0,071
+6°	0,555	-0,042	0,610	-0,036	0,707	+0,006	0,442	+0,077
+3°	**0,436**	**-0,023**	**0,479**	**-0,017**	**0,555**	**+0,019**	**0,346**	**+0,069**
0°	0,317	-0,019	0,348	-0,015	0,404	+0,010	0,250	+0,048
-3°			0,216	-0,019	0,252	-0,003	0,132	+0,020
(wegen der Schlagwirkung)					× 1,55		× 2,15	

Wenn dann beim Aufschlag die Flächenneigung für *A* gleich +3°, für *B* gleich +3°, für *C* gleich -3° und für *D* gleich -6° ist, und beim Niederschlag entsprechend die Neigungen +3°, +3°, +3° und +3° angenommen werden, dann ergeben sich die Widerstandssummen:

beim Aufschlag			beim Niederschlag		
	Vertikal-druck	Horizontal-druck		Vertikal-druck	Horizontal-druck
A	0,436	-0,023	*A*	0,436	-0,023
B	0,479	-0,037	*B*	0,479	-0,017
C	0,250	-0,059	*C*	0,860	+0,029

D	0,072	-0,055	D	0,744	+0,148
kg	1,237	-0,174	kg	2,519	+0,137

und für beide Flügel:

kg	2,474	-0,348	kg	5,038	+0,274

Hiernach wird der Storch beim Aufschlag, unter Berücksichtigung seines Gewichtes und seines Körperwiderstandes, mit

1,526 kg niedergedrückt und mit 0,373 kg gehemmt.

Der Niederschlag muß daher geben:

$$2/3 \times 1{,}526 = 1{,}017 \text{ kg Hebedruck und}$$
$$2/3 \times 0{,}373 = 0{,}248 \text{ kg Treibedruck,}$$

er erzeugt aber

$$5{,}038 - 4 = 1{,}038 \text{ kg Hebedruck und}$$
$$0{,}274 - 0{,}025 = 0{,}249 \text{ kg Treibedruck,}$$

der Storch kann daher unter diesen Bewegungsformen auch fliegen.

Die theoretisch gewonnene Arbeit beim Aufschlag ist

für die Fläche *A* gleich 0,0
- - - *B* - 0,479 × 0,06 = 0,0287 kgm
- - - *C* - 0,250 × 0,26 = 0,0650 -
- - - *D* - 0,072 × 0,76 = 0,0547 -

0,1484 kgm.

Der Niederschlag verbraucht dagegen:

für die Fläche *A* die Arbeit 0,0
- - - *B* - - 0,479 × 0,06 = 0,0287 kgm
- - - *C* - - 0,860 × 0,26 = 0,2236 -
- - - *D* - - 0,744 × 0,76 = 0,5654 -

0,8177 kgm.

Die Niederschlagsarbeit pro Sekunde ist jetzt 4 × 0,8177 = 3,2708 kgm, während der Aufschlag theoretisch 4 × 0,1484 = 0,5936 kgm gewinnen läßt. Eine teilweise Ausnutzung dieser gewonnenen Arbeit würde für den Storch unter dieser Flugform die Leistung von 3,2 kgm erforderlich machen, die also noch etwas geringer ist, als die zuvor bei stärkerer Flügelbewegung berechnete.

Die schädliche, hemmende Wirkung der Flügelspitzen beim Aufschlag läßt sich noch dadurch vermindern, wie auch die Praxis der Vögel es lehrt, daß die äußeren Flügelteile in einem nach oben gekrümmten bogenförmigen Wege, welcher der Flügelwölbung entspricht, aufwärts durch die Luft gezogen werden. Wenn die Flächenteile *C* und *D* auf diese Weise den denkbar geringsten Widerstand beim Aufschlag erhalten, berechnet sich die Flugarbeit nur auf 2,7 kgm.

Durch diese Rechnungen erhalten wir Einblicke in die kraftsparenden Funktionen beim Ruderfluge. Wir sehen die Flugarbeit einem Minimum sich nähern, welches eintritt, wenn der größte Teil des Flügels unter vorteilhaftester Neigung horizontal die Luft durchschneidet und die Flügelspitzen durch großen Ausschlag die ziehende Wirkung hervorrufen.

Der extreme Fall würde eintreten, wenn die ganze Flugfläche stillgehalten, und durch einen besonderen Propeller das Vorwärtstreiben besorgt würde. Die kleinste Arbeit ergäbe sich dann, wenn die Tragefläche diejenige Neigung hätte, bei welcher verhältnismäßig die geringste hemmende Komponente entstände, und dies ist nach Tafel VI die Neigung von +3°.

Eine solche richtig gewölbte Tragefläche um 3° vorn angehoben und horizontal bewegt, würde einen Luftwiderstand geben, der um 3° hinter der Normalen liegt; und wenn derselbe gerade das Gewicht *G* des fliegenden Körpers tragen kann, wäre seine hemmende Komponente gleich $G \times \text{tg } 3°$. Dieser hemmende Widerstand müßte durch eine Treibevorrichtung überwunden werden und zwar mit der Fluggeschwindigkeit *v*. Dieses wäre aber die einzige bei solchem Fluge zu verrichtende Arbeit in Größe von $v \times G \times \text{tg } 3° = 0{,}0524 \times v \times G$. Die Geschwindigkeit *v* hängt von der Größe der Tragefläche ab. Unter Berücksichtigung des Verminderungskoeffizienten für die Neigung von 3°, welcher in diesem Falle nach Tafel VII gleich 0,55 ist, würde *v* sich ergeben aus der Gleichung $G = 0{,}55 \times 0{,}13 \times F \times v^2$. Man erhielte $v = 3{,}74 \times \sqrt{\frac{G}{F}}$. Für ein Verhältnis von $\frac{G}{F}$, wie beim Storch gleich 8, wäre $v = 10{,}58$. Zur Überwindung des hemmenden Widerstandes wäre dann die Arbeit $0{,}0524 \times 10{,}58 \times G = 0{,}55G$ aufzuwenden. Wenn nun der hierzu benutzte Propeller kein Gewicht hätte und 100% Nutzeffekt besäße, so würde ein Körper, der auch 4 kg schwer wäre wie der Storch, 0,55 × 4 = 2,2 kgm an Arbeit pro Sekunde leisten müssen. Diesem theoretischen Minimalwerte haben wir uns aber schon beträchtlich genähert durch die vorangehenden Berechnungen, und müssen wir daher annehmen, daß es nicht viel bessere Bewegungsformen für die Kraftersparnis beim Ruderfluge in windstiller Luft geben wird.

Wenn es noch Faktoren zur Kraftersparnis beim Fluge bei Windstille giebt, so können diese nur darin bestehen, daß die Luftwiderstandswerte bei Verfeinerung der Flügelform noch vorteilhafter ausfallen, und namentlich noch günstiger gerichtet sind.

Wir haben schon bei Betrachtung der Segelbewegung auf Seite 127 gesehen, daß die Vögel vermöge ihrer vorzüglichen Flügelform mit Luftwiderständen arbeiten, die noch mehr nach vorn sich neigen, als wir es nachzuweisen imstande waren. Wir mußten annehmen, nach Seite 161, daß die Widerstände bei gewissen kleinen Neigungswinkeln noch um etwa 11/2° mehr nach vorn gerichtet sind. Bei der Flächenneigung von 3° würde demzufolge der Widerstand nicht um 3°, sondern nur um 11/2° hinter der Normalen liegen. Die Folge hiervon aber wäre eine Verminderung der hemmenden Komponente auf die Hälfte, und mit dieser Komponente ist die Flugarbeit direkt proportional. Die mechanische Leistung des Storches reduzierte sich dadurch von 2,7 kgm auf 1,35 kgm. Es ist auch möglich, daß das Profil der Flügel senkrecht zur Bewegungsrichtung sowohl beim Segeln als auch beim Ruderfluge noch zur Kraftverminderung beiträgt. Die Untersuchung dieser Einwirkung ebenso wie die genaue Feststellung, inwieweit die Widerstandsvergrößerung durch Schlagwirkung beim Ruderfluge stattfindet, würde darauf hinauslaufen, Apparate zu bauen und zu versuchen, die überhaupt die genauen Formen und Bewegungen der Vögel haben. Es hieße dies also, durch den praktischen Umgang mit Flugapparaten noch die letzten, feinsten Unterschiede in den Luftwiderstandswirkungen herauszufinden und daran wird es nicht fehlen, wenn die wahren Grundlagen dazu erst gegeben sind.

Um von den für den Storch berechneten Arbeitsgrößen auf den Flugapparat des Menschen zu schließen, können wir sagen, daß der Mensch, der mit Apparat etwa 20mal so viel wiegt als ein Storch, beim Ruderfluge in Windstille mindestens 20 × 1,35 = 27 kgm oder 0,36 HP gebraucht, vorausgesetzt, daß seine Flugfläche 10 qm beträgt und alle beim Vogelfluge beobachteten Vorteile eintreten.

Im Abschnitt 35 wurde der Kraftaufwand für den Flug des Menschen bei Windstille auf 0,3 HP berechnet. Dort war aber eine größere Flugfläche zu Grunde gelegt und der Flügelaufschlag mit seinen Widerständen überhaupt vernachlässigt. Jene Berechnung hatte also nur theoretisches Interesse, während wir hier, wo sich 0,36 HP als Leistung ergiebt, bereits die in Wirklichkeit auftretenden Unvollkommenheiten und schädlichen Einflüsse berücksichtigt haben.

Auch diese Leistung könnte vorübergehend noch vom Menschen ausgeübt werden, ein derartiges Fliegen hätte aber, so interessant wie es sein würde, wenig praktische Bedeutung. Da nicht anzunehmen ist, daß durch Vergrößerung der Flügel bessere Verhältnisse sich erzielen lassen, so dürfen wir hiermit den Satz aussprechen, daß der Mensch unter den günstigsten Bewegungsformen bei Anwendung des Ruderfluges in Windstille wenigstens 0,36 HP zum Fliegen gebraucht und daher mit Hülfe seiner eigenen Muskelkraft nicht dauernd zu einem solchen Fluge befähigt ist.

Um diesem Fluge bei Windstille eine praktische Bedeutung zu verschaffen, müßten wir bestrebt sein, leichte Motore mit zur Verwendung zu bringen.

Aber die Windstille ist zum Nutzen der freien Fliegekunst sehr selten. Was die Ballontechniker zur Demonstration der Lenkbarkeit ihrer Luftschiffe so nötig gebrauchen, aber so selten haben, nämlich eine möglichst unbewegte Luft, das findet sich besonders in höheren Luftschichten nur ganz ausnahmsweise. Wir haben also im allgemeinen mit dem Winde und nicht mit der Windstille zu rechnen.

Zwischen diesen beiden bereits berechneten Grenzen der mechanischen Arbeit, die einmal gleich Null ist, wenn ein Segelwind von mindestens 10 m herrscht, und ihren größten Wert beim Ruderfluge in Windstille erhält, liegen nun alle jene Kraftaufwände, die bei Winden zwischen 0 m und 10 m Geschwindigkeit zum Fliegen erforderlich sind.

Die aufsteigende Richtung des Windes ist durchschnittlich bei allen Windstärken dieselbe. Die von den Winden an die Flugkörper abgegebene zur Arbeitsersparnis beitragende lebendige Kraft wird daher einfach proportional dem Quadrat ihrer Geschwindigkeit sein. Da wir nun wissen, daß bei einem Flügelverhältnis zum Körpergewicht, wie es der Storch hat, und wie es der Mensch auch für sich wohl anwenden könnte, ein Wind von 10 m Geschwindigkeit die Arbeit zu Null macht, so spart ein Wind von

1 m	2 m	3 m	4 m	5 m	6 m	7 m	8 m	9 m	Geschwindigkeit
0,01	0,04	0,09	0,16	0,20	0,36	0,49	0,64	0,81	der Flugarbeit.

Legen wir für den Menschen 27 kgm als sekundliche Arbeit bei Windstille zu Grunde, so ergeben sich bei

Wind von	1 m	2 m	3 m	4 m	5 m	6 m	7 m	8 m	9 m
die Arbeiten	26,7	25,9	24,6	22,7	20,3	17,3	13,8	9,7	5,1 kgm

Man sieht, daß für Winde zwischen 6 und 9 m Geschwindigkeit, die man nur mit „frische Brise" zu bezeichnen pflegt, so geringe Arbeitswerte sich ergeben, daß selbst dann, wenn einige Verhältnisse viel ungünstiger als angenommen eintreten würden, noch eine so geringe Leistung übrigbleibt, daß der Mensch durch seine physische Kraft sehr wohl imstande sein müßte, einen geeigneten Flugapparat wirkungsvoll in Thätigkeit zu setzen.

41. Die Konstruktion der Flugapparate.

Der vorige Abschnitt zeigte uns den rechnungsmäßigen Zusammenhang der Flugthätigkeit mit der Flugwirkung am Vogelflügel. Die hier in Betracht gezogenen Verhältnisse entsprechend vergrößert, müssen uns auf Formen und Dimensionen solcher Apparate führen, deren sich der Mensch beim freien Fluge zu bedienen hätte.

Wir betrachten es nun nicht als unsere Aufgabe, durch sensationelle Bilder Eindrücke hervorzurufen, sondern überlassen es der Phantasie jedes Einzelnen, sich auszumalen, wie der Mensch unter Innehaltung der hier entwickelten Principien fliegend in der Luft sich ausnehmen würde. Statt dessen wollen wir aber kurz noch einmal die Gesichtspunkte zusammenstellen, nach denen die Konstruktion der Flugapparate zu erfolgen hätte, wenn die in diesem Werke veröffentlichten Versuchsresultate berücksichtigt werden, und die demzufolge entwickelten Ansichten richtige sind.

Es würden sich dann folgende Sätze ergeben:

1. Die Konstruktion brauchbarer Flugvorrichtungen ist nicht unter allen Umständen abhängig von der Beschaffung starker und leichter Motore.

2. Der Flug auf der Stelle bei ruhender Luft kann vom Menschen durch eigene Kraft nicht bewirkt werden, derselbe erfordert unter den allergünstigsten Verhältnissen mindestens 1,5 HP.

3. Bei Wind von mittlerer Stärke genügt die physische Kraft des Menschen, um einen geeigneten Flugapparat wirkungsvoll in Bewegung zu setzen.

4. Bei Wind von über 10 m Geschwindigkeit ist der anstrengungslose Segelflug mittelst geeigneter Trageflächen vom Menschen ausführbar.

5. Ein Flugapparat, der mit möglichster Arbeitsersparnis wirken soll, hat sich in Form und Verhältnissen genau den Flügeln der gutfliegenden größeren Vögel anzuschließen.

6. Als Flügelgröße ist pro Kilogramm Gesamtgewicht 1/10-1/8 qm Flugfläche zu wählen.

7. Tragfähige Apparate, hergestellt aus Weidenruten mit Stoffbespannung, bei 10 qm Tragefläche lassen sich bei einem Gewicht von cirka 15 kg anfertigen.

8. Ein Mensch mit einem solchen Apparate im Gesamtgewicht von cirka 90 kg besäße pro Kilogramm 1/9 qm Flugfläche, was dem Flugflächenverhältnis der größeren Vögel entspricht.

9. Sache des Versuches wird es sein, ob die breite Form der Raub- und Sumpfvogelflügel mit gegliederten Schwungfedern, oder die langgestreckte und zugespitzte Flügelform der Seevögel als vorteilhafter sich herausstellt.

10. In kurzer, breiter Ausführung würden die Flügel eines Apparates von 10 qm Tragefläche eine Klafterbreite von 8 m bei 1,6 m größter Breite nach Fig. 79 erhalten.

Fig. 79.

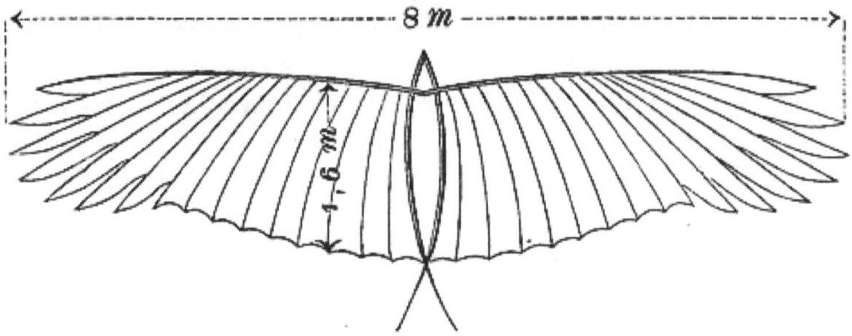

Mafsstab 1 : 100. **10 qm Flugfläche.**

11. Bei Anwendung einer schlanken Flügelform ergäbe eine Flugfläche von 10 qm nach Fig. 80 eine Klafterbreite von 11 m bei einer größten Breite von 1,4 m.

Fig. 80.

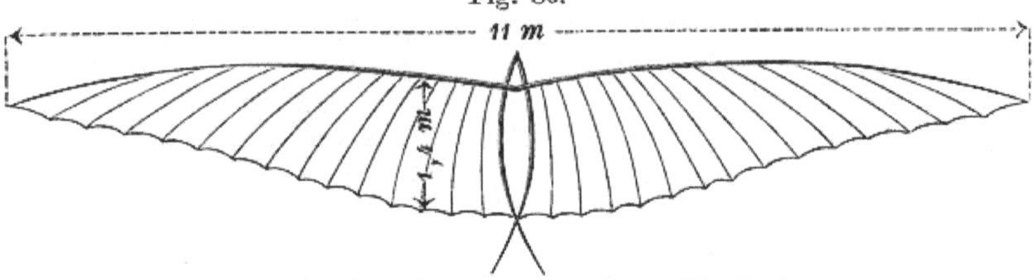

Mafsstab 1 : 100. **10 qm Flugfläche.**

12. Die Anwendung einer Schwanzfläche hat für die Tragewirkung untergeordnete Bedeutung.

13. Die Flügel müssen im Querschnitt eine Wölbung besitzen, die mit der Höhlung nach unten zeigt.

14. Die Pfeilhöhe der Wölbung hat nach Maßgabe der Vogelflügel ungefähr 1/12 der Flügelbreite an der betreffenden Querschnittstelle zu betragen.

15. Durch Versuche wäre festzustellen, ob für größere Flügelflächen etwa schwächere oder stärkere Wölbungen vorteilhafter sind.

16. Die Tragerippen und Verdickungen der Flügel sind möglichst an der vorderen Kante derselben anzubringen.

17. Wenn möglich, so ist dieser verdickten Kante noch eine Zuschärfung vorzusetzen.

18. Die Form der Wölbung muß eine parabolische sein, nach der Vorderkante zu gekrümmter, nach der Hinterkante zu gestreckter.

19. Die beste Wölbungsform für größere Flächen wäre durch Versuche zu ermitteln und derjenigen Form der Vorzug zu geben, deren Widerstände für kleinere Neigungswinkel sich am meisten nach der Bewegungsrichtung hinneigen.

20. Die Konstruktion muß eine Drehung des Flügels um seine Längsachse ermöglichen, die am besten ganz oder teilweise durch den Luftdruck selbst bewirkt wird. An dieser Drehung haben am stärksten die Flügelenden teilzunehmen.

21. Beim Ruderfluge erhalten die nach der Mitte zu liegenden breiteren Flügelteile möglichst wenig Hub und dienen ausschließlich zum Tragen.

22. Das Vorwärtsziehen zur Unterhaltung der Fluggeschwindigkeit wird dadurch bewirkt, daß die Flügelspitzen oder Schwungfedern mit gesenkter Vorderkante abwärtsgeschlagen werden.

23. Der breitere Flügelteil hat im Ruderfluge auch beim Aufschlag möglichst tragend mitzuwirken.

24. Die Flügelspitzen sind beim Aufschlag mit möglichst wenig Widerstand zu heben.

25. Der Niederschlag muß wenigstens 6/10 der Dauer eines Doppelschlages betragen.

26. An dem Auf- und Niederschlag brauchen nur die Enden der Flügel teilzunehmen. Der nur tragende Flügelteil kann wie beim Segeln unbeweglich bleiben.

27. Wenn nur die Flügelspitzen auf und nieder bewegt werden, darf dieses nicht mit Hülfe eines Gelenkes geschehen, weil der Flügel sonst einen schädlichen Knick erhielte, vielmehr muß der Ausschlag der Spitzen mit allmählichem Übergang sich bilden.

28. Zur Hervorrufung der Flügelschläge durch die Kraft des Menschen müßten vor allem die Streckmuskeln der Beine verwendet werden, und zwar nicht gleichzeitig, sondern abwechselnd, aber möglichst so, daß der Tritt jedes einzelnen Fußes einen Doppelschlag zur Folge hat.

29. Der Aufschlag könnte durch den Luftdruck selbst bewirkt werden.

30. Die Aufschlagsarbeit des Luftdruckes wäre möglichst in solchen federnden Teilen aufzusammeln, daß dieselbe beim Niederschlag wieder zur Wirkung kommt und dadurch an Niederschlagsarbeit gespart wird.

Dieses wären einige der Hauptgesichtspunkte, welche man unter Anwendung der hier niedergelegten Theorieen zu befolgen hätte.

Wenn man mit solchen Flügeln nun aber in den Wind kommt, so können wir aus eigener Erfahrung darüber berichten, daß schwerlich jemand die Hebewirkung des Windes sich so stark vorgestellt haben wird, wie er dann zu verspüren Gelegenheit hat.

Ohne vorherige Übung reicht eben die menschliche Kraft gar nicht aus, mit solchen Flügeln im Winde zu operieren. Das erste Resultat wird daher das sein, daß der wohlberechnete und leicht gebaute Apparat nach dem ersten kräftigen Windstoß zertrümmert wieder nach Hause getragen wird.

Aus diesem Grunde empfiehlt es sich, zunächst für derartige Windwirkungen das Gefühl zu schärfen, und die Gewandtheit in der stabilen Handhabung der Flügel an kleineren Flächen zu üben. Erst wenn dann die Behandlung der Luft und des Windes mittelst geeigneter Flächen durch den persönlichen Umgang mit diesen Elementen uns genügend in Fleisch und Blut übergegangen sein wird, können wir an die Herbeiführung eines wirklich freien Fluges denken.

Mit diesem Fingerzeig wollen wir diesen Abschnitt schließen.

Der Geschicklichkeit der Konstrukteure bleibt es nun überlassen, den im Streben nach Wahrheit gefundenen Fliegeprincipien durch die Erfindung anwendbarer Flügelbauarten mit vorteilhaften Bewegungsmechanismen einen praktischen Wert zu verleihen.

Wenn sich unser hierauf bezügliches Material noch wesentlich vermehrt haben wird, werden wir vielleicht später einmal Gelegenheit haben, auch dieses der Öffentlichkeit zu übergeben.

42. Schlußwort.

Werfen wir nun einen Rückblick auf das in diesem Werke zur Darstellung Gebrachte, so heben sich darin eine Anzahl aus Versuchen hergeleiteter Sätze ab, welche in direktem Zusammenhang mit der Beantwortung der Flugfrage stehen, indem sie sich auf die einzelnen Faktoren beziehen, aus denen die beim Fluge erforderliche Anstrengung sich zusammensetzt.

Die Einsicht von der Richtigkeit dieser Sätze erfordert nur ein Verständnis der einfachsten Begriffe der Mechanik, wie es überhaupt ein Vorzug der wichtigsten Momente der Fliegekunst ist, daß dieselben vom mechanischen Standpunkte höchst einfacher Natur sind, und eigentlich nur die Lehre vom Gleichgewicht und Parallelogramm der Kräfte zur Anwendung kommt. Trotzdem liefert die flugtechnische Litteratur den Beweis, wie außerordentlich leicht Irrtümer und Trugschlüsse in der mechanischen Behandlung des Flugproblems sich einschleichen, und dies gab die Veranlassung, hier so elementar wie nur irgend möglich die mechanischen Vorgänge des Fluges zu zerlegen.

Wenn auf der einen Seite hierdurch die Diskussion über dieses immer noch etwas heikle Thema wesentlich erleichtert wird, so hegt der Verfasser andererseits auch noch die Hoffnung, daß dadurch nicht bloß der Fliegeidee, sondern auch der Mechanik als der unumgänglichen Hülfswissenschaft neue Freunde geworben werden, indem der eine oder der andere Leser die Anregung erhält, sich mit dem notwendigsten Handwerkszeug des theoretischen Mechanikers vertraut zu machen, oder die Erinnerung an alte Bekannte aus der Studienzeit wieder aufzufrischen.

Die Flugfrage muß doch nun einmal anders behandelt werden als andere technische Themata. Sie nimmt eben, wie schon angedeutet, durch ihren eigenartigen Interessentenkreis eine gesonderte Stellung ein. Dem Geistlichen, dem Offizier, dem Arzt und Philologen, dem Landwirt wie dem Kaufmann kommt es schwer in den Sinn, sich dem speziellen Studium etwa der Dampfmaschinen, des Hüttenwesens oder der Spinnereitechnik zu widmen; alle wissen, daß diese Fächer in guten Händen sind und überlassen diese Sorgen vertrauensvoll den Fachleuten, aber in der Flugtechnik finden wir sie alle wieder vertreten, darin möchte jeder sich nützlich bethätigen und durch einen glücklichen Gedanken den Zeitpunkt näher rücken, wo der Mensch zum freien Fluge befähigt wird.

Die Flugtechnik kann eben auch noch nicht als ein eigentliches Fach angesehen werden, auch weist sie noch nicht jene Reihe von Vertretern auf, der man mit einem gewissen Vertrauen entgegenkommen könnte. Es liegt dies an der noch herrschenden Unsicherheit und in dem Mangel jedweder

Systematik; es fehlt der Flugtechnik die feste Grundlage, auf welche sich unbedingt jeder stellen muß, der sich mit ihr beschäftigt.

Dieses Werk soll sich daher auch nicht nur an gewisse Fachkreise wenden, sondern —

„An jeden, dem es eingeboren,

Daß sein Gefühl hinauf und vorwärts dringt,

Wenn über uns, im blauen Raum verloren,

Ihr schmetternd Lied die Lerche singt,

Wenn über schroffen Fichtenhöhen

Der Adler ausgebreitet schwebt,

Und über Flächen, über Seen

Der Kranich nach der Heimat strebt."

Dieses als Erklärung dafür, daß unser Buch sich an alle wendet, und daß in den ersten Abschnitten der Versuch gemacht wird, das Fliegeinteresse, welches jeder mitbringt, der dieses Buch überhaupt zur Hand nimmt, in ein Interesse für diejenige Wissenschaft mit hinüberzuspielen, ohne deren Verständnis der größte Teil jener hohen Reize verloren geht, welche in der Beschäftigung mit dem Fliegeproblem liegen.

Es ist dann in diesem Werke der trostlose Standpunkt gekennzeichnet, den die Flugtechnik einnimmt, solange sie **nur ebene** Flugflächen in das Bereich ihrer Betrachtungen zieht.

Es ist aber auch gezeigt, daß selbst in den Fällen, wo die Vorteile der Flügelwölbung in den Hintergrund treten, wo also kein Vorwärtsfliegen in der umgebenden Luft stattfindet, dennoch die Flugarbeit nicht nach der gewöhnlichen Luftwiderstandsformel berechnet werden kann, sondern daß es sich bei den Flügelschlägen um eine andere Art von Luftwiderstand handelt, der schon bei viel geringeren Geschwindigkeiten die erforderliche Größe erreicht, also auch ein niedrigeres Arbeitsmaß zu seiner Überwindung benötigt.

Ich konnte sehr handgreifliche Versuche hierüber anführen, die außer Zweifel lassen, daß die Schlagbewegungen einen Luftwiderstand geben, der mit anderem Maße gemessen werden muß, als wenn eine Fläche sich mit gleichmäßiger Geschwindigkeit im Beharrungszustande durch die Luft bewegt.

Es wurde dann gezeigt, daß auch das Vorwärtsfliegen allein der Schlüssel des Fliegeproblems nicht sein kann, solange hierfür nur ebene Flügelflächen in Rechnung gezogen werden.

Endlich wurde an der Hand von Versuchsergebnissen der Nachweis zu führen versucht, daß das eigentliche Geheimnis des Vogelfluges in der Wölbung der Vogelflügel zu erblicken ist, durch welche der natürliche geringe Kraftaufwand der Vögel beim Vorwärtsfliegen seine Erklärung findet, und durch welche in Gemeinschaft mit den eigentümlichen hebenden Windwirkungen das Segeln der Vögel überhaupt nur verstanden werden kann.

Alles dieses fanden wir am natürlichen Vogelfluge, alle diese Eigenschaften der Form wie der Bewegungsart können wir aber niemals hervorrufen, ohne uns direkt an den Vogelflug anzulehnen.

Wir müssen daher den Schluß ziehen, daß die genaue Nachahmung des Vogelfluges in Bezug auf die aerodynamischen Vorgänge einzig und allein für einen rationellen Flug des Menschen verwendet werden kann, weil dieses höchst wahrscheinlich die einzige Methode ist, welche ein freies, schnelles und zugleich wenig Kraft erforderndes Fliegen gestattet. Vielleicht tragen die hier zum Ausdruck gelangten Gesichtspunkte dazu bei, die Flugfrage auf eine andere Bahn und in ein festes Geleise zu bringen, so daß die weitere Forschung ein Fundament gewinnt, auf dem ein wirkliches System sich aufbauen läßt, durch welches die Erreichung des erstrebten Endzieles möglich ist.

Der Grundgedanke des freien Fliegens, um den wir uns gar nicht mehr streiten, ist doch einfach der, daß

> „der Vogel fliegt, weil er mit geeignet geformten Flügeln in geeigneter Weise die ihn umgebende Luft bearbeitet".

Wie diese geeigneten Flügel beschaffen sein müssen, und wie solche Flügel zu bewegen sind, das sind die beiden großen Fragen der Flugtechnik.

Indem wir beobachten, wie die Natur diese Fragen gelöst hat, und indem wir die ebene Flugfläche für den Flug größerer Wesen als ungeeignet verwerfen, fühlen wir jenen Alp nach und nach verschwinden, der uns vor der Beschaffung der zum Fliegen erforderlichen motorischen Kraft zurückschrecken machte. Wir werden gewahr, wie durch den gewölbten Naturflügel die Flugfrage sich ablöst von der reinen Kraftfrage und mehr in eine Frage der Geschicklichkeit sich verwandelt.

In der Kraftfrage können Zahlen Halt gebieten, doch die Geschicklichkeit ist unbegrenzt. Mit der Kraft stehen wir bald einmal vor ewigen

Unmöglichkeiten, mit der Geschicklichkeit aber nur vor zeitlichen Schwierigkeiten.

Schauen wir auf zu der Möwe, welche drei Armlängen über unserem Haupte fast regungslos im Winde schwebt! Die eben untergehende Sonne wirft den Schlagschatten der Kante ihres Flügels auf die schwach gewölbte, sonst hellgraue, jetzt rot vergoldete Unterfläche ihrer Schwingen. Die leichten Flügeldrehungen erkennen wir an dem Schmaler- und Breiterwerden dieses Schattens, der uns aber auch gleichzeitig eine Vorstellung giebt von der Wölbung, die der Flügel hat, wenn die Möwe mit ihm auf der Luft ruht.

Dies ist der körperliche Flügel, den Goethe vermißte, als er den Faust seufzen ließ:

„Ach, zu des Geistes Flügeln wird so leicht

Kein körperlicher Flügel sich gesellen!“

Ja, nicht so leicht wird es sein, diesen Naturflügel nun auch mit allen seinen kraftsparenden Eigenschaften für den Menschen brauchbar auszuführen, und wohl noch weniger leicht mag es sein, den Wind, diesen unstäten Gesellen, der so gern die Früchte unseres Fleißes zerstört, mit körperlichen Flügeln, die uns nicht angeboren sind, zu meistern. Aber dennoch für möglich müssen wir es halten, daß uns die Forschung und die Erfahrung, die sich an Erfahrung reiht, jenem großen Augenblick näher bringt, wo der erste frei fliegende Mensch, und sei es nur für wenige Sekunden, sich mit Hülfe von Flügeln von der Erde erhebt und jenen geschichtlichen Zeitpunkt herbeiführt, den wir bezeichnen müssen als den Anfang einer neuen Kulturepoche.

Druck von Leonhard Simion, Berlin SW.

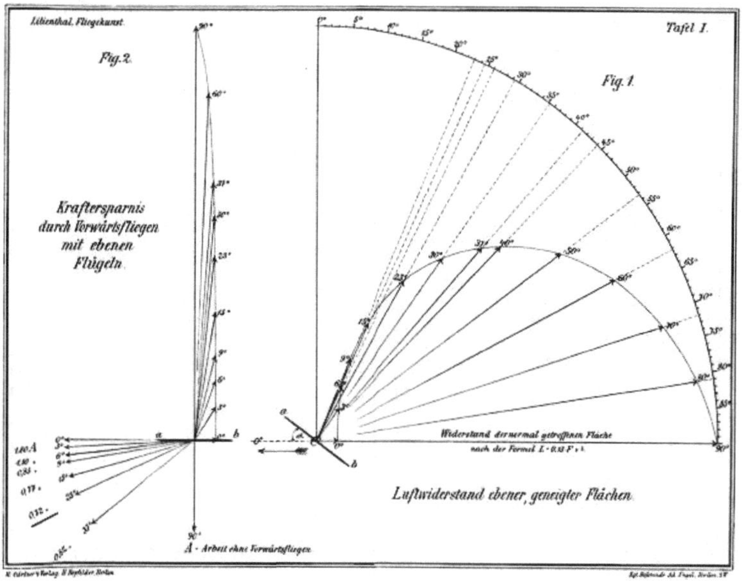
Lilienthal, Fliegekunst.
Tafel I.
Fig. 2.
Fig. 1.
Kraftersparnis durch Vorwärtsfliegen mit ebenen Flügeln.
A - Arbeit ohne Vorwärtsfliegen.
Widerstand der normal getroffenen Fläche nach der Formel L = 0.13 F v².
Luftwiderstand ebener, geneigter Flächen.

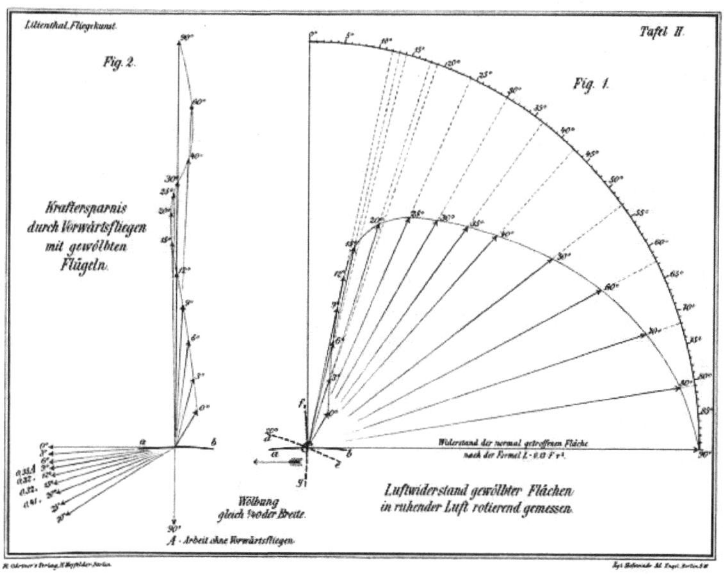
Lilienthal, Fliegekunst.
Tafel II.
Fig. 2.
Fig. 1.
Kraftersparnis durch Vorwärtsfliegen mit gewölbten Flügeln.
Wölbung gleich 1/40 der Breite.
A - Arbeit ohne Vorwärtsfliegen.
Widerstand der normal getroffenen Fläche nach der Formel L = 0.13 F v².
Luftwiderstand gewölbter Flächen in ruhender Luft rotierend gemessen.

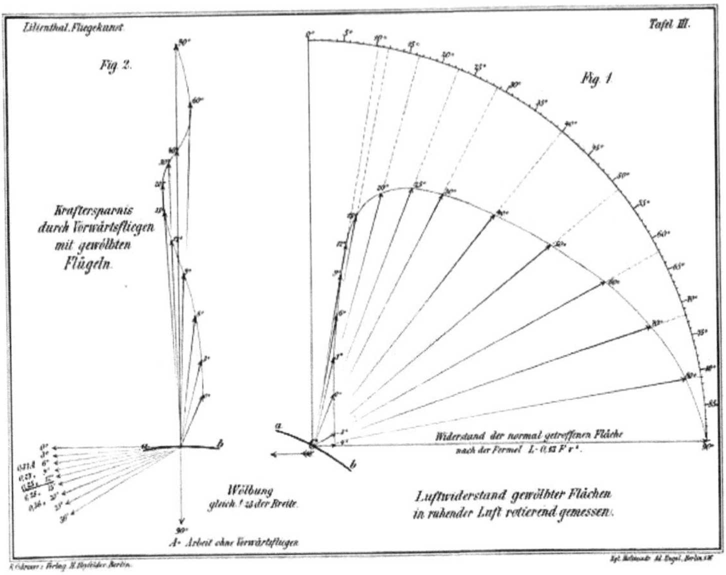
Lilienthal, Fliegekunst.
Tafel III.
Fig. 2.
Fig. 1.
Kraftersparnis durch Vorwärtsfliegen mit gewölbten Flügeln.
Wölbung gleich 1/25 der Breite.
A = Arbeit ohne Vorwärtsfliegen
Widerstand der normal getroffenen Fläche nach der Formel L = 0,13 F v².
Luftwiderstand gewölbter Flächen in ruhender Luft rotierend gemessen.

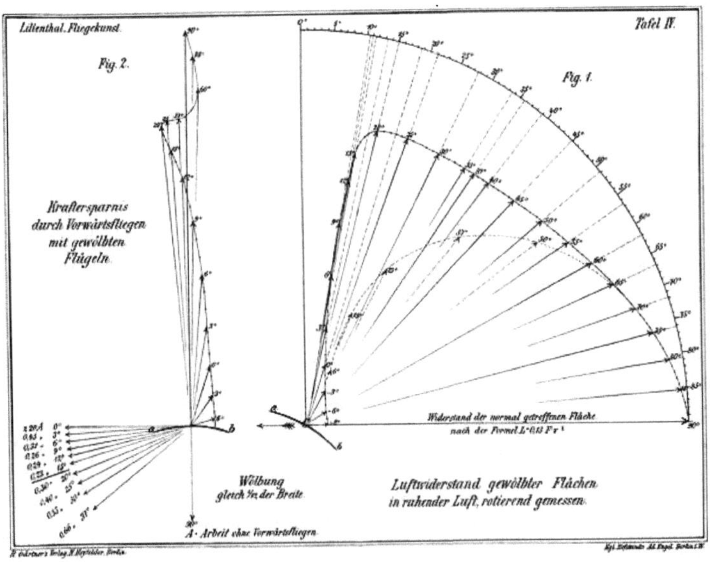
Lilienthal, Fliegekunst.
Tafel IV.
Fig. 2.
Fig. 1.
Kraftersparnis durch Vorwärtsfliegen mit gewölbten Flügeln.
Wölbung gleich 1/12 der Breite.
A = Arbeit ohne Vorwärtsfliegen
Widerstand der normal getroffenen Fläche nach der Formel L = 0,13 F v².
Luftwiderstand gewölbter Flächen in ruhender Luft, rotierend gemessen.

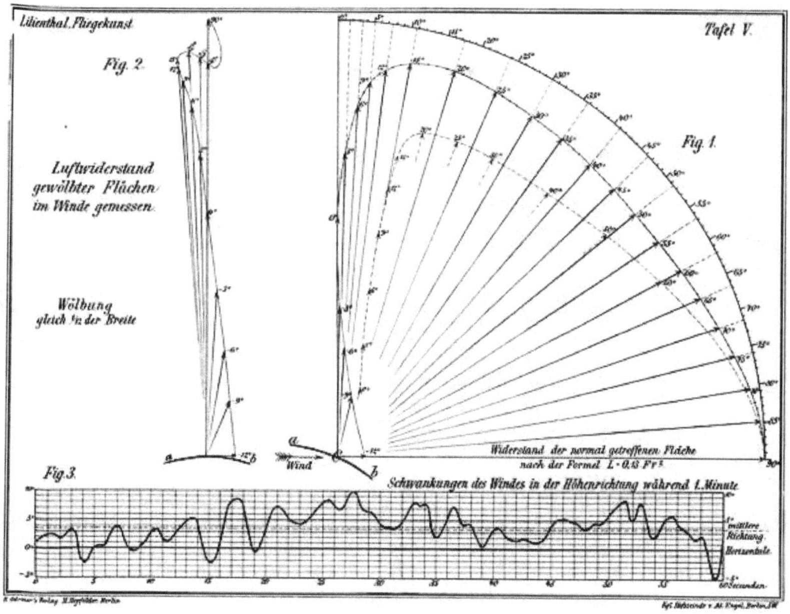

Lilienthal, Fliegekunst.
Tafel V.
Fig. 2.
Fig. 1.
Luftwiderstand gewölbter Flächen im Winde gemessen.
Wölbung gleich 1/12 der Breite
Widerstand der normal getroffenen Fläche nach der Formel L = 0,13 F v²
Wind
Fig. 3.
Schwankungen des Windes in der Höhenrichtung während 1 Minute.
mittlere Richtung.
Horizontale.
60 Secunden.

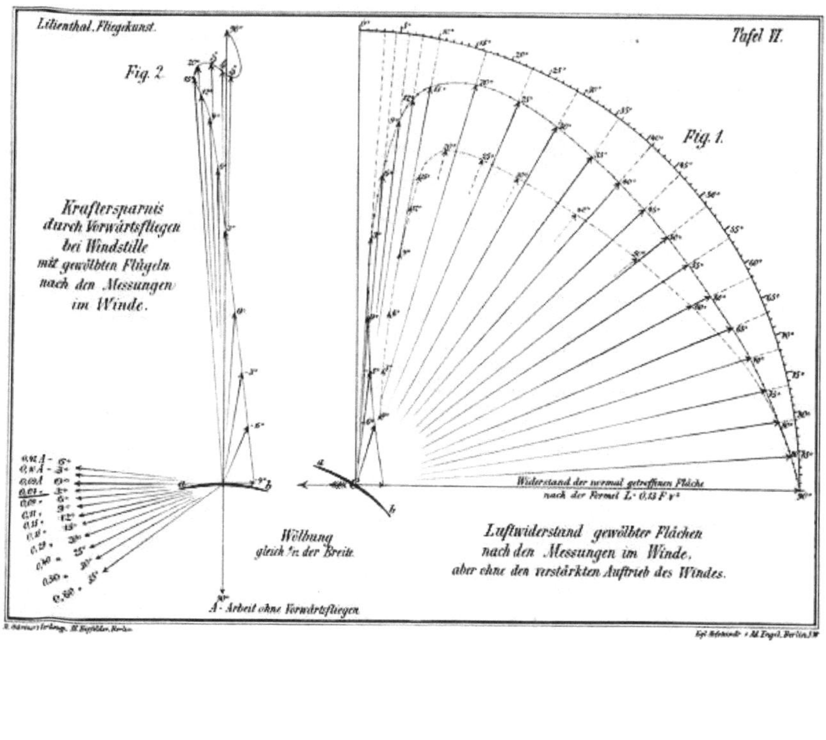

Lilienthal, Fliegekunst.
Tafel VI.
Fig. 2.
Fig. 1.
Kraftersparnis durch Vorwärtsfliegen bei Windstille mit gewölbten Flügeln nach den Messungen im Winde.
Widerstand der normal getroffenen Fläche nach der Formel L = 0,13 F v²
Wölbung gleich 1/12 der Breite.
Luftwiderstand gewölbter Flächen nach den Messungen im Winde, aber ohne den verstärkten Auftrieb des Windes.
A = Arbeit ohne Vorwärtsfliegen.

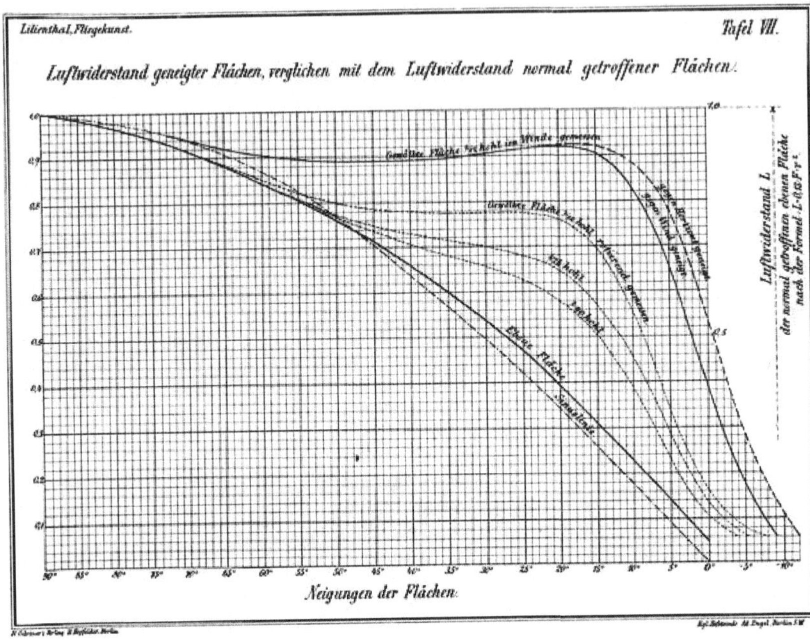
Lilienthal, Fliegekunst.
Tafel VII.
Luftwiderstand geneigter Flächen, verglichen mit dem Luftwiderstand normal getroffener Flächen.
Ebene Fläche
Sinuslinie
Neigungen der Flächen.
Luftwiderstand L der normal getroffenen ebenen Fläche nach der Formel L = 0,13 · F · v²

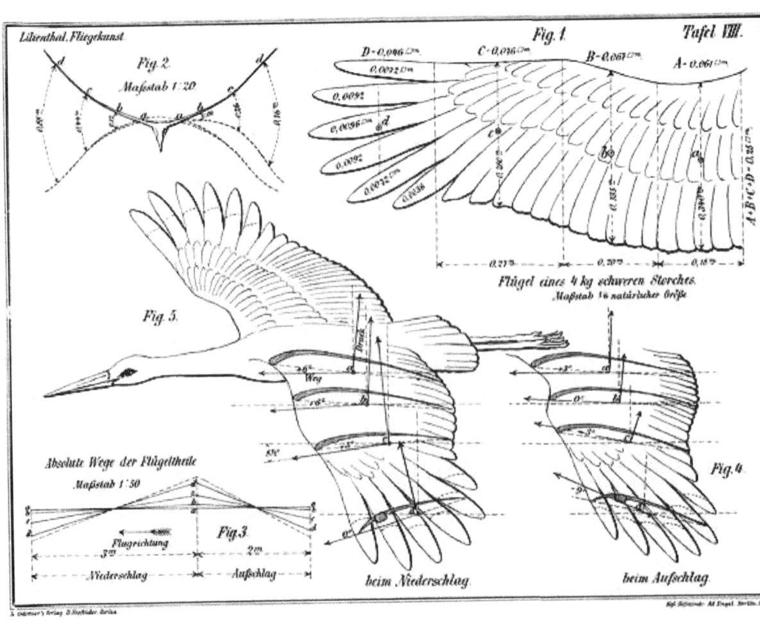
Lilienthal, Fliegekunst.
Fig. 1.
Tafel VIII.
Fig. 2.
Maßstab 1:20
Flügel eines 4 kg schweren Storches.
Fig. 5.
Weg
Absolute Wege der Flügeltheile
Maßstab 1:50
Flugrichtung
Fig. 3
Niederschlag
Aufschlag
Fig. 4.
beim Niederschlag
beim Aufschlag